科学第一视野
KEXUEDIYISHIYE

[权威版]

能量

NENGLIANG

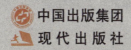

中国出版集团
现代出版社

图书在版编目（CIP）数据

能量 / 杨华编著 . —— 北京：现代出版社，2013.1
（科学第一视野）
ISBN 978-7-5143-1015-3

Ⅰ. ①能… Ⅱ. ①杨… Ⅲ. ①能 – 青年读物②能 – 少 – 少年读物 Ⅳ. ① 031-49

中国版本图书馆 CIP 数据核字 (2012) 第 292972 号

能 量

编　　著	杨　华
责任编辑	刘春荣
出版发行	现代出版社
地　　址	北京市安定门外安华里 504 号
邮政编码	100011
电　　话	010-64267325　010-64245264（兼传真）
网　　址	www.xdcbs.com
电子信箱	xiandai@cnpitc.com.cn
印　　刷	汇昌印刷（天津）有限公司
开　　本	710mm×1000mm　1/16
印　　张	10
版　　次	2014 年 12 月第 1 版　2021 年 3 月第 3 次印刷
书　　号	ISBN 978-7-5143-1015-3
定　　价	29.80 元

版权所有，翻印必究；未经许可，不得转载

前言

在物理学中，能量是最基础的一个概念，从经典力学到宇宙学、相对论和量子力学，能量总是一个中心的概念。那么，什么是能量呢？

能量简称能，是度量物质运动的一个物理量。对应于物质不同的运动形式，能量也有很多种，如光能、热能、核能、风能、声能、生物质能、化学能、地热能、宇宙能等等。

世界是物质的世界，同样也是能量的世界，我们的生产生活中都有能量的存在，煤炭、石油、天然气、沼气在燃烧的时候以热的形式释放能量；阳光照射大地时把能量传递给了大地；水在流动的时候以及从高处流下的时候具备能量；原子在裂变或聚变的时候会释放出巨大的能量；风可以推动风轮机转动而发电等等，可以说能量无所不在，无处不在。虽然我们看不见能量，但是我们却可以通过热、光、电、运动等形式感觉到它的存在。

能量世界是非常热闹的，同时也是非常奇妙的，很多能量之间可以相互转化，其中太阳能可谓是能量来源之母，生物质能、风能、水能、化学能虽然表现形式不同，但均是太阳能的转化。太阳不断地向宇宙辐射巨大的能量，其中大约二十二亿分之一的能量跑上1.5亿千米的路，来到地球上。不要小看这二十二亿分之一的辐射能量，要知道这二十二亿分之一的能量却大约是整个世界一年所消耗的总能量的200倍！

再往小一点的范围来说，仅每年投射到我国的太阳能，就相当于燃烧1.2万亿吨标准煤产生的热量。可见太阳能有多么巨大。大量的绿色植物和动物灭亡腐烂后沉积在陆地、沼泽、湖泊和浅海中，经过几千年乃至上亿年的"积累"和"酝酿"，在细菌的作用下，摇身一变成了晶莹黑亮的煤炭和石油。在到达地球的太阳辐射能中，约有20％被地球大气层所吸收，剩下的部分只有很小的一部分被转化为风能，但就是这很小的一部分转化能，也相当于1万多亿吨煤所储藏的能量，由此可见，风能的潜力也是非常巨大的。如果能够利用这些风能为人类服务，即使不是全部利用，同样也可以为人类解决大问题。还有蕴藏在生物质内的太阳能同样也是不可小觑的，有人估算，地球上的植物通过光合作用制造出来的纤维素可达1 000亿吨，其中蕴藏的能量也是非常巨大的。

人类对有些能量的认识和利用还刚刚起步，其中还有很多环节需要进一步加深认识和妥善解决，只有这样人类才能更好的认识能量、利用能量。

Contents 目录 >>

第一章 生物质内的能量——生物质能

生物质能的产生与利用 2
"出身低微"的沼气 5
"冒油"的植物 9

第二章 化学反应的能量——化学能

能够燃烧的黑色石头 14
高质量的动力燃料 17
优质高效的天然气 19
燃烧的"冰块"——可燃冰 21
"天字第一号"——氢气能 23

第三章 光辐射的能量——光能

能量之球——太阳能 30
人类对太阳能的利用 32
攻无不克的神奇激光 38

"冷光"独放异彩 42
北极光也有能量 45
不可见光的独特能量 47

第四章　水流蕴藏的能量——水能

古人对流水的利用 58
让水轮机转动起来 59
潮涨潮落都做功 63
向暴怒的波浪要电 66
海水盐差能发电 70
让海水温差发电梦想成真 72
让水像油一样燃烧起来 75
锋利无比的水刀 77

第五章　空气流动的能量——风能

风拥有巨大能量 82
海陆空风力发电 85
"重新起航"的帆船 89

第六章　原子巨变的能量——核能

核裂变产生巨大能量 92

前景无限美好的核能发电 96
核电池个小能量大 104
能量大爆炸——核聚变 107

第七章 声音的能量——声能

超声波的"超声"能量 112
次声波的"超强"能量 114

第八章 磁产生的能量——磁场能

磁场能与指南针 118
贴地疾驰的磁悬浮列车 119
发电新方式——磁流体发电 121

第九章 地球内部的能量——地热能

深埋地下的巨大能量 126
地热能的多领域利用 129
把火山能量引出来 134
电磁波能量——微波能 136

第十章　宇宙蕴含的能量——宇宙能

地球是个巨大的发电机 142
超大的宇宙正反物质能量 144
随处可见的物质都是能量 146
宇宙星体的万有引力巨能 148

第一章
生物质内的能量
——生物质能

生物质能是太阳能以化学能形式贮存在生物质中的能量形式,即以生物质为载体的能量。生物质能直接或间接地来源于绿色植物的光合作用,可转化为常规的固态、液态和气态燃料,是一种取之不尽、用之不竭的可再生能源,同时也是唯一一种可再生的碳源。

地球上的生物质能资源极为丰富,其中蕴含的能量十分丰富,但人类利用率却很低,因此生物质能的发展空间十分广阔。

生物质能的产生与利用

生物质能是太阳能以化学能形式贮存在生物质中的能量形式。生物质是它的载体。生物质包括所有的植物、微生物以及以植物、微生物为食物的动物及其生产的废弃物。有代表性的生物质，如农作物、农作物废弃物、木材、木材废弃物和动物粪便等。

生物是如何将能量存储于自己的体内的呢？或者说，生物是如何成为生物质能的载体的呢？

你看，植物的叶子总是在那里捕捉阳光。因为它利用阳光的能量，通过光合作用来创造自己的食物——碳水化合物，靠着这些食物发育成长。这样一来，可就把太阳能储存在它的身体里了。

植物是动物的一种食物，有些也可以供人食用。人和动物吃进植物后，把植物吸收的太阳能变成了自己身体里的能量。也可以说，是把太阳能储存在身体里了。

植物长大后，被人当柴烧的时候，燃烧放出的能量，正是当初它储存起来的太阳能。

如此说来，树、草、各种农作物、陆地和海洋的动物和植物，还有我们人，身体里都储存有太阳提供的能量。也可以说，都

图与文

植物在可见光的照射下，经过光反应和碳反应，利用光合色素，将二氧化碳和水转化为有机物，并释放出氧气。光合作用是一系列复杂的代谢反应的总和，是生物界赖以生存的基础。植物能够通过光合作用利用无机物生产有机物并且贮存能量，其能量转换效率约为6%。

是太阳能的仓库。只要有太阳存在,绿色能源就会不断产生,绿色能源存在,生物质能也就存在。

可以这样讲,有机物中除矿物燃料以外的所有来源于动植物的能源物质均属于生物质能。

通常,生物质能有下述特点:

(1)可再生性。生物质能由于可以通过植物的光合作用而再生,所以它与风能、太阳能等同属可再生能源。

(2)低污染性。生物质的硫含量、氮含量低,燃烧过程中生成的大气污染物相对较少,因此对环境的污染相对较低。

(3)来源广泛。生物质能的原料来源于植物、动物、微生物以及工农业生产的废弃物,可以说来源极其广泛。

(4)燃料总量丰富。生物质能是世界第四大能源,仅次于煤炭、石油和天然气。根据生物学家估算,地球陆地每年生产 1 000 亿～1 250 亿吨生物质;海洋年生产 500 亿吨生物质。生物质能源的年生产量远远超过全世界总能源需求量,但目前的利用率还不到 3%,因此生物质能的发展利用空间十分广阔。

人类对生物质能的利用,包括直接用作燃料的有农作物的秸秆、薪柴等;间接作为燃料的有农林废弃物、动物粪便、垃圾及藻类等,它们通过微生物作用生成沼气,或采用热解法制造液体和气体燃料,也可制造生物炭。就目前人类利用生物质能的现状来看,尚属于低科技、低技术含量利用,很多生物质多半直接当薪柴使用,其效率低,而且影响生态环境。现代生物质能的利用是通过生物质的厌氧发酵制取甲烷,用热解法生成燃料气、生物油和生物炭,用生物质制造乙醇和甲醇燃料,以及利用生物工程技术培育能源植物,发展能源农场。美国海军曾在加利福尼亚州圣克利门蒂岛附近海面上进行过一项实验,在那里种植世界上生长最快的一种植物——一种速生海草,以收集太阳能。潜水员把这种海草拴在水面以下约 15 米的特制筏排上,在那里,这种海草每天生长约 30 厘米。它能把大约 2% 的太阳能转变为化合物贮存起来,把这种海草用化学的或细菌的方法加以处理,

速生海草

不仅能得到有用的蛋白质,而且能得到可以作为燃料的甲烷和乙醛。这为生物质能的利用提供了一个很好的方向和实验基础。

根据我国经济社会发展需要和生物质能利用技术状况,我国发展生物质能的计划是重点发展生物质发电、沼气、生物质固体成型燃料和生物液体燃料。预计到2020年,生物质发电总装机容量达到3 000万千瓦,生物质固体成型燃料年利用量达到5 000万吨,沼气年利用量达到440亿立方米,生物燃料乙醇年利用量达到1 000万吨,生物柴油年利用量达到200万吨。

(1)生物质发电。生物质发电包括农林生物质发电、垃圾发电和沼气发电,建设重点为:

①在粮食主产区建设以秸秆为燃料的生物质发电厂,或将已有燃煤小火电机组改造为燃用秸秆的生物质发电机组。在大中型农产品加工企业、部分林区和灌木集中分布区、木材加工厂,建设以稻壳、灌木林和木材加工剩余物为原料的生物质发电厂。

②在规模化畜禽养殖场、工业有机废水处理和城市污水处理厂建设沼气工程,合理配套安装沼气发电设施。

③在经济较发达、土地资源稀缺地区建设垃圾焚烧发电厂,重点地区为直辖市、省级城市、沿海城市、旅游风景名胜城市、主要江河和湖泊附近城市。积极推广垃圾卫生填埋技术,在大中型垃圾填埋场建设沼气回收和发电装置。

(2)开发利用生物质固体成型燃料。生物质固体成型燃料是指通过专门设备将生物质压缩成型的燃料,储存、运输、使用方便,清洁环保,燃

烧效率高,既可作为农村居民的炊事和取暖燃料,也可作为城市分散供热的燃料。

生物质固体成型燃料的生产包括两种方式:一是分散方式,在广大农村地区采用分散的小型化加工方式,就近利用农作物秸秆,主要用于解决农民自身用能需要,剩余量作为商品燃料出售;二是集中方式,在有条件的地区,建设大型生物质固体成型燃料加工厂,实行规模化生产,为大工业用户或城乡居民提供生物质商品燃料。

(3)开发利用生物质燃气。生物质燃气充分利用沼气和农林废弃物气化技术提高农村地区生活用能的燃气比例,并把生物质气化技术作为解决农村废弃物和工业有机废弃物环境治理的重要措施。

在农村地区主要推广户用沼气,特别是与农业生产结合的沼气技术;在中小城镇发展以大型畜禽养殖场沼气工程和工业废水沼气工程为气源的集中供气。

"出身低微"的沼气

生活在农村的人们经常看到,在沼泽地、污水沟或粪池里,有气泡冒出来,如果划着火柴,就可把这种气体点燃,这就是自然界天然发生的沼气。沼气是一种可燃气体,由于这种气体最早是在沼泽地、池塘中发现的,所以人们称它"沼气"。我们通常所说的沼气,并不是天然产生的,而是人工制取的。

尽管早在1857年,德国化学家凯库勒就已查明了沼气的化学成分,但这个"出身低微"的气体能源,始终没有引起人们的重视。随着对能源需求的不断增长,沼气才逐渐受到人们的注意,并开始崭露头角。

沼气的主要成分是甲烷(CH_4)气体。通常,沼气中含有60%~70%的甲烷,30%~35%的二氧化碳,以及少量的氢气、氮气、硫化氢、一氧化碳、水蒸汽和少量高级的碳氢化合物。后来又发现在沼气中还有少量剧毒的磷化氢气体,这可能是沼气会使人中毒的原因之一。

甲烷气体的发热值较高,因而沼气的发热值也较高,所以说沼气是一种优质的人工气体燃料。甲烷在常温下是一种无色、无味、无毒的气体,它比空气要轻。由于甲烷在水中的溶解度很低,因而可用水封的容器来储存它。甲烷在燃烧时产生淡蓝色的火焰,并放出大量的热。甲烷气体虽然无味,但由于沼气中常掺杂有硫化氢气体,所以沼气常常带有一种臭蒜味或臭鸡蛋味。

■ 图与文

每立方米沼气的发热量约为 20 800～23 600 焦耳,即 1 立方米沼气完全燃烧后,能产生相当于 0.7 千克无烟煤提供的热量。目前,世界各国已经开始将沼气用作燃料和用于照明。另外,尝试用沼气代替汽油、柴油,发动机器。

沼气的产生原料十分丰富,且来源广泛。人畜粪便、动植物遗体、工农业有机物废渣和废液等,在一定温度、湿度、酸度和缺氧的条件下,经厌氧性微生物的发酵作用,就能产生出沼气。

沼气具有不断再生、就地生产就地消费、干净卫生、使用方便的特点。它可以代替供应紧张的汽油、柴油,开动内燃机发电,驱动农机具加工农副产品,也可以用来煮饭照明。

具体来说,沼气有下列优点:

(1)可以大量节省秸秆、干草等有机物。节省下来的有机物可以用来生产牲畜饲料和作为造纸原料及手工业原材料。

(2)增加有机肥料资源,提高肥料质量和增加肥效,从而提高农作物产量,从长远来看,有改良土壤的作用。

（3）有利于净化环境和减少疾病的发生。这是因为在沼气池发酵处理过程中，人畜粪便中的病菌大量死亡，使环境卫生条件得到改善。

此外，大规模采用沼气可以间接减少对树木的乱砍滥伐现象，保护植被，使农业生产系统逐步向良性循环发展。

那么，沼气中为什么有能量存在呢？这是因为自然界的植物不断地吸收太阳辐射的能量，并利用叶绿素将二氧化碳和水经光合作用合成有机物质，从而把太阳能储备起来。人和动物在吃了植物之后，约有一半左右的能量又随粪便排出体外。因此，人畜粪便或动植物遗体的生物能量经发酵后就可转换成可以燃烧的沼气。

沼气可以用人工制取。制取的方法是，将有机物质如人畜粪便、动植物遗体等投入到沼气发酵池中，经过多种微生物的作用即可得到沼气。人工制取沼气的关键，是创造一个适合于沼气细菌进行正常生命活动所需要的基本条件。因此，沼气的发酵必须在专门的沼气池进行。为了生产更多的沼气，就必须对发酵进行有效的控制。为此，在制取沼气的过程中，应

图与文

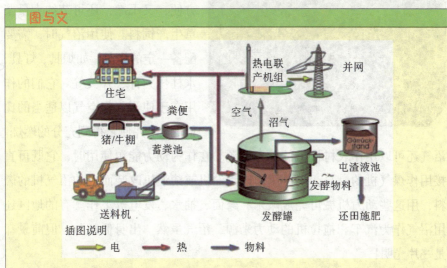

沼气燃烧发电是将厌氧发酵处理产生的沼气用于发动机上，并装有综合发电装置，以产生电能和热能。沼气发电具有创效、节能、安全和环保等特点，是一种分布广泛且价廉的分布式能源。

注意以下两方面的问题：

一是严格密闭沼气池。沼气发酵中起主要作用的微生物是厌氧菌，只要有微量的氧气或氧化剂存在，就会阻碍发酵作用的正常进行。因此，密闭沼气池，杜绝氧气进入，是保证人工制取沼气成功的先决条件。

二是选用合适的原料。一般来说，所有的有机物质，包括人畜粪便、作物秸秆、青草，含有机物质的垃圾、工业废水和污泥等都可作为制取沼气的原料。然而，不同的原料所产生的沼气量不同，所以，应根据需要选用合适的原料。实践经验表明，作物秸秆、干草等原料，产生的沼气虽然缓慢，但较持久；人畜粪便、青草等原料产生沼气快，但不持久。通常，为了取得综合效果，常将两者合理搭配，以达到产气快而持久的目的。

沼气对于目前我国广大农村来说，是一种比较理想的家庭燃料。它可以用来煮饭、照明，既方便，又干净，还可节约大量柴草生产饲料。使用沼气时，需要配备一定的用具，如炉具、灯具、水柱压力计、开关等。它们的作用在于使沼气与空气以适当的比例混合，并使之得到充分的燃烧。沼气还可以用作农村机械的动力能源。在作为动力能源使用时，它既可直接用作煤气机的燃料，又可用作以汽油机或柴油机改装而成的沼气机的燃料，用这些动力机械可完成碾米、磨面、抽水、发电等工作。有的地区还用沼气作为汽车和拖拉机的动力来源，沼气虽然"出身低微"，但前景却是一片光明！

能量

"冒油"的植物

1988年，美国戈尔登科罗拉多太阳能研究所的研究人员发现一些藻类植物含有丰富的石油成分，这个发现极大地鼓舞了他们。他们用一个直径20米的池塘培植这类海藻，一年之中收获的海藻达4吨，他们从这4吨的海藻中提炼出了300多升燃油。

1989年，日本一家公司在美国研究成果的启发下，提出了利用绿藻将二氧化碳转变为石油的设想。他们发现在日本冲绳一带生长着一种单细胞绿藻植物，这种单细胞绿藻植物能吸收大量的二氧化碳生成石油。1989年10月，这家公司开始了利用藻类的光合作用将二氧化碳生成石油的实验研究，工作人员将燃料燃烧后排放的二氧化碳收集后泵送到养殖这种单细胞藻类的水池中。藻类便迅速地生长起来。实现了能量的良性循环。

进入20世纪90年代后，利用海藻和二氧化碳生产石油的研究又有了新的进展。英国的科学家把注意力放在一种普通的小球藻上，他们将一种特制的装置放在池塘中，把小球藻打捞过滤后，然后不用提炼，直接将小球藻置于发动机中燃烧发电。燃烧时排出的二氧化碳废气被泵回到小球藻养殖池内，促进小球藻生长。实验证明往池塘中吹进二氧化碳气泡，可使藻类数量一天内增加4倍。

1993年，美国国家可更新能源实验室

图与文

与陆地植物一样，海藻中的碳水化合物可以用多种方式转化成燃料。海藻可以通过热解来制造油料，通过细菌发酵来生产乙醇，通过厌氧消化来转化为甲烷，海藻是名副其实的石油植物。

的研究人员，采用遗传工程改进了一种单细胞硅藻的脂类物质积累，提高了脂质生产的水平。在实验室中，研究者们已使硅藻细胞的脂质含量从自然状态的5%～20%，增加到60%以上，在户外培养时也超过40%。这无疑将大大促进藻类和二氧化碳生成石油的进展。

微藻被称为世界上最富有生产力、最能产油的"黑马"。按单位生长面积来计算，微藻能比陆生植物多生产30倍的油。据估计，微藻每年每公顷（合10 000平方米）可生产23 700～63 200升的油。

大自然中天然存在的石油是由古代动植物遗体经过几百万年的漫长岁月逐渐演变而成的。藻类植物经过某些微生物处理后，只要几个星期就能摇身一变，变成石油。这是一个了不起的发明。据估计，一个面积为3 000平方米的池塘中的藻类，每年可以生产100万桶石油（1石油桶合159升），可供10 000辆汽车行驶15 000千米。另外，还有人独辟蹊径，试验用蓝藻发电，用微型藻类产生氢气，在实验规模上也已获得成功，目前正在向市场化方向发展。

有些植物能"冒油"，它们所蕴含的能量引起了科学家的极大兴趣。这种从植物体里产生的"石油"，实际上是一种低分子的碳氢化合物，它的分子量在1 000～5 000之间，与矿物石油性质相似。科学家们把这些能产生低分子量碳氢化合物的植物称为"石油植物"。

除了藻类植物能"冒油"外，实际上，还有很多植物也有这样的功能。

巴西有一种香胶树，富含油液，半年之内，每一棵树可分泌出20～30千克胶液，胶液的化学成分同石油相似，不必经过任何提炼，即可作柴油使用，将它注入柴油发动机的汽车油

■图与文

香胶树树形优美，多种植于公路、街道、公园等处。香胶树产的"油"可以直接供汽车使用，而且产量还很可观。一亩地如果种上六七十棵香胶树，就可以产"石油"十几桶。

箱，车子就可以轰鸣奔驰了。

在我国海南省以及越南、泰国、马来西亚、菲律宾的热带森林里，生长着一种油楠树，一般高 10～20 米，胸径 30～60 厘米。油楠树浑身饱含油液，只要在树干上钻一直径为 5 厘米的孔，2～3 小时就能流淌出 5 升浅黄色的油液。这种油液不需加工便可注入柴油机内作燃料，当地居民则习惯用它替代煤油点灯照明。

此外，在美国的一些农场种着一种杂草，人称金花鼠草，其茎、叶充满白色乳片，乳汁中 2/3 是水，1/3 是烃。用这种草可以炼出真正的石油，10 平方米野生金花鼠草可提炼出 1 千克石油，人工栽培的杂交金花鼠草，10 平方米可出油 6.5 千克。

著名的美国化学家、诺贝尔奖金获得者卡尔文教授，在 20 世纪 80 年代找到一些植物，它们所含的乳汁和石油的成分相同，将它们的乳汁加工成植物汽油后，可以使汽车启动、飞驰。以后，卡尔文教授进行了大规模的种植试验，选育出 3 个"冒油""明星"。一个是牛奶树，也叫绿玉树，是一种小灌木，树干里饱含乳汁，剖破树皮，乳汁就会汩汩流出。另一个叫续随子，高 1 米左右，抗寒耐旱，一年一收，在美国、日本都有栽种。第三个叫三角大戟，是身高 0.3 米的灌木，极其抗旱，树皮柔软，用刀轻轻一划，乳汁就会流出。卡尔文认为，有些"石油树"抗逆性很强，不怕狂风暴雨，不畏酷热干旱，可栽种于荒地和沙漠，这为开发利用这些石油植物开拓了新的发展方向。

另外，在 20 世纪 80 年代初，美国的科学家栽种了大片美洲香槐，这种植物的白色树汁及其余一些部位都含有油质。为了获取植物石油，可以把整株美洲香槐研碎，然后用一种有机溶剂提纯，在澳大利亚还发现了阔叶棉木，其枝叶都可提炼油类，据称该品种阔叶棉木是目前世界上产油率最高的植物。巴西科学家卡罗斯继卡尔文之后，也获得重大发现。他对热带森林中 700 多种植物进行研究，发现有几种含有大量烃。一些藤本植物中的黏稠汁液，不仅能提取柴油、汽油，还可以提取高级航空燃料油。日本东京大学的两位专家，20 世纪 90 年代初在冲绳岛沿海找到一种高大的

图与文

希蒙得木生长在沙漠地区，有"沙漠黄金"之称。这种植物不易干枯，在无雨、高温的情况下也能生存好几个星期。希蒙得木油是从其豆子中萃取而来，富含必需脂肪酸和维生素。几世纪之前，妇女们用它滋润肌肤及护理头发。

乔木——青珊瑚树，这种树的汁液中也含有大量的烃类化合物。

原产于北美西部干旱地区的希蒙得木，又称霍霍巴，是一种能在沙漠恶劣环境下生活的常绿灌木植物，它的果实含有50%～60%油性乳汁（不饱和液体石蜡），现在这种植物已经在美国和墨西哥开始了大规模栽培。除了这些种类外，银胶菊、西谷椰子树等也都具有较高的燃料油开发价值。

第二章
化学反应的能量
——化学能

化学能是物体发生化学反应时所释放出的能量，化学能很隐蔽，不能直接用来做功，只能先变成热能或者其他形式的能量，然后这些转化后的能量再做功。煤的燃烧就属于一种化学能的释放。

各种物质都储存有化学能。不同的物质不仅组成不同、结构不同，所包含的化学能亦不同。一个确定的化学反应完成后的结果是吸收能量还是放出能量，决定于反应物的总能量与生成物的总能量的相对大小。

能够燃烧的黑色石头

煤是一种可以燃烧释放能量的黑色石头,作为地球上蕴藏量最丰富、分布地域最广的化石燃料,煤炭与火有着密切的关系。人们把煤炭称作乌金墨玉,不仅是它有金子般的光泽和玉石般的晶莹外表,更重要的是,它对于提高人类生活水平起了无法估量的重大作用。最初,煤只是用来做饭和取暖。18世纪中叶以后,瓦特蒸汽机问世。蒸汽机成为纺织、机车、机船等的动力,从此开始了"工业革命"。煤则成为蒸汽机的主要燃料,并逐渐成为人类生活中最重要的能源。

那么,煤炭是从哪里来的呢?

地质学家早就发现,煤矿是几经沧桑,经过日积月累、悠长的缓慢变化,又经过地壳的翻天覆地的剧烈变动后才形成的。简单一点说吧,大约100万年到44亿年前,地球的环境和气候条件很适于植物的大量生长和繁殖。它们大量地出现在陆地、沼泽、湖泊和浅海中。死亡的植物日积月累,逐渐沉积起来,在细菌的作用下,经过一段很长的时间,慢慢硬化,变成褐色或黑色的泥炭。再经过一段漫长的岁月,这些泥炭被深深地埋在地下,这样,泥炭就和空气完全隔绝了。细菌在缺氧的高温条件下无法生存,终于停止了活动;泥炭却处在高温高压的环境中,被挤压成了褐煤。又经过一段很长的时间,褐煤受到更大的压力而形成更硬的烟煤。随着岁月的流逝,烟煤又受到了更大的压力,最后变成很硬的、晶莹黑亮的无烟煤。

褐煤多呈褐色,其名称即由此而来,有些褐煤是黑褐色或黑色的,有些则带有淡黄的颜色。褐煤的光泽一般较暗淡。烟煤大多数呈黑色、暗黑色或亮黑色,无烟煤一般呈铜灰色,且具有明亮的金属或半金属光泽。

这3种煤都能燃烧,但发热的能力却不一样,即能量不同。如果定义

燃烧1千克煤所释放出来的热量叫做煤的燃烧值,使1克水温度升高1℃所需要的热量是1卡,则褐煤的燃烧值只有2 300～4 050千卡,烟煤的燃烧值为5 200～7 000千卡,无烟煤燃烧值可达6 100～7 500千卡。

▌图与文

无烟煤杂质少,质地紧密,固定碳含量高,可达80%以上;挥发分含量低,在10%以下,燃点高,不易着火,但火上来后比较大,火力强,火焰短,冒烟少,燃烧时间长,黏结性弱,燃烧时不易结渣。

　　褐煤生性活泼,很容易被火点着,燃烧时冒出浓重的黑烟。但火力不强。烟煤燃烧起来火很旺,烟很浓,火苗呈黄红色,故人们常称之为"红火煤"。无烟煤生性冷静,不易点燃,但一旦烧起来温度高,火力足,冒烟很少,其火焰呈蓝色,故得了个雅号——"蓝火煤"。

　　无烟煤热值高,是一种很好的工业和民用燃料。无烟煤又可以用来制造煤气、电极、化肥,还可以用来炼铁。

　　褐煤作为燃料价值是不大的,但作为化工用煤却很有用处。它可以用来制造煤气,用来生产有机原料而获得形形色色的化工产品。含油率高的褐煤可以用来炼制液体燃料。

　　烟煤可以说是一个多面手。按照工业上的分类,烟煤可分为8类:贫煤、瘦烟、焦烟、肥煤、气煤、弱黏结煤、不黏结煤和长焰煤。其中,贫煤、气煤、弱黏结煤、不黏结煤和长焰煤等可用来生产煤气;气煤、弱黏结煤、不黏结煤和长焰煤等可用作上等的动力燃料;长焰煤可用来炼制液体燃料;焦煤、肥煤、气煤、瘦煤和弱黏结煤等可用来炼制焦炭,这是烟煤所作出的最可宝贵的一项贡献。

　　人类利用煤炭已有2 000多年的历史了。我国古代人民是最早发现并利用煤炭烧饭和取暖的。在公元前200多年的汉代,就有关于发现和利用煤炭的记载了。欧洲人在相当长的时期内都没有利用煤炭。13世纪80年代，即我国元朝初期，意大利人马可·波罗来到我国，看到中国人用煤作燃料，竟吃惊不已，并把此事在他的著作《东方见闻录》中作了详细记述。可是，到1765年，英国人瓦特发明了蒸汽机以后，煤炭一跃而成为人类的主要能源，成为工农业生产和科学技术开发的原动力和人民生活的必需品。

煤炭能量是许多国家重要利用的能量之一，主要用于燃烧、炼焦、气化、低温干馏、加氢液化等。

1. 燃烧。煤炭燃烧发出的能量可以利用在工业和民用上。

2. 炼焦。把煤置于干馏炉中，隔绝空气加热，煤中有机质随温度升高逐渐被分解，其中挥发性物质以气态或蒸气状态逸出，成为焦炉煤气和煤焦油，而非挥发性固体剩留物即为焦炭。焦炉煤气是一种燃料，也是重要的化工原料。煤焦油可用于生产化肥、农药、合成纤维、合成橡胶、油漆、染料、医药、炸药等。焦炭主要用于高炉炼铁和铸造，也可用来制造氮肥、电石。

3. 气化。气化是指转变为可作为工业或民用燃料以及化工合成原料的煤气。

4. 低温干馏。把煤或油页岩置于550℃左右的温度下低温干馏可制取低温焦油和低温焦炉煤气，低温焦油可用于制取高级液体燃料和作为化工原料。

5. 加氢液化。将煤、催化剂和重油混合在一起，在高温高压下使煤中有机质破坏，与氢作用转化为低分子液态和气态产物，进一步加工可得汽油、柴油等液体燃料。加氢液化的原料煤以褐煤、长焰煤、气煤为主。

尽管地球上的煤炭资源十分丰富，但也绝非是取之不尽用之不竭的，它毕竟属于非再生能源，而是用一些少一些的，因此，我们要珍惜利用。

长焰煤

高质量的动力燃料

有一种被称为流动的金子的物质,知道是什么吗?是石油。我们经常看到街道上飞驰的汽车,田地里开动的联合收割机等等,它们是靠什么来驱动的呢?换一句话说,它们的能量之源来自哪里呢?答案很清楚,它们的能量之源是石油。

石油同煤炭相类似,也是来自于远古生物。早在古生代之前,地球上就出现了生物,随着时间的推移,生物广泛地发育和繁殖起来。这些生物死亡后,一部分作为其他生物的食物而被消耗,大部分则与空气接触,被氧化成为二氧化碳气体,消失在空气中。只有一小部分,由于沉积在不含氧的环境中,被泥沙埋藏起来,才变化为石油。

石油浑身是宝,是当今世界的主要能源,它在国民经济中占非常重要的地位。

首先,石油是优质的动力燃料的原料。通常用的木柴,燃烧值仅为 2 000～2 500 千卡/千克,烟煤为 5 000 千卡/千克,焦炭为 7 000 千卡/千克,而石油为 10 000 千卡/千克,汽油为 11 000 千卡/千克,天然气为 7 000～12 000 千卡/千克,也就是说,燃烧 1 千克石油,相当于燃烧 4～5 千克木柴或 2 千克烟煤。汽车、内燃机车、飞机、轮船等现代交通工具都是用石油的产品——汽油、柴油作动力燃料的;新兴的超音速飞机、导弹、火箭,也都以石油提炼出来的高级燃料为动力的。

石油也是提炼优质润滑油的原料。一切转动的机械的"关节"中添加的润滑油都是石油制品。

石油还是重要的化工原料。石油化工厂利用石油产品可加工出 5 000 多种重要的有机合成原料。常见的色泽美观、经久耐用的涤纶、尼纶、腈纶、丙纶等合成纤维;能与天然橡胶相比美的合成橡胶;苯胺染料、洗衣粉、

科学第一视野 KEXUE DIYI SHIYE

■ 图与文

合成橡胶也称合成弹性体，是三大合成材料之一，是由人工合成的高弹性聚合物，其产量仅低于合成树脂、合成纤维。

糖精、人造皮革、化肥、炸药等等都是由石油产品加工而成的。

石油浑身都是宝。就连炼油最后剩下的石油焦和沥青也都是宝贝。石油焦做炼钢炉里的电极，可以提高钢的产量；还可用它作为制造石墨的原料。沥青则可以制作油毡纸或铺路。

石油被人们誉为工业的"血液"，是名不虚传的。地球上蕴藏着丰富的石油，据估计它的蕴藏量为1 000多亿吨，其中海洋里蕴藏着700多亿吨左右。

尽管人们认识石油的模样，但由于它埋藏在地下，要探寻它可不是件容易的事，而我们的祖先早就总结了许多寻找石油的宝贵经验。

最简单的办法是通过追寻石油露出地面的蛛丝马迹，来找到它的藏身之地。例如，含石油的岩石受侵蚀露出地面或油层产生断裂，石油沿裂缝流出地面，有时漂在水面形成五光十色的薄膜，这就是油苗，发现了它，可跟踪追击到地下，找到油田。

天然气往往与石油共生，因此通过发现池沼、河道或水坑里冒出的水泡，可判断天然气苗，从而找到石油。

有时，在一些地方发现被石油浸过的疏松砂子，这就是油砂，找到了它就可顺藤摸瓜找到石油。还有，地下深处的石油，沿着岩缝升到地表，轻成分挥发后，留下的成分聚集成沥青丘，找到了它也就有了找到石油的希望。

除这些简易的探油办法外，近代采用了先进的勘查技术，可以迅速而准确地找到石油。这些探查方法有：地球物理勘探法、地球化学勘探法、新型遥感勘探法等。特别是在人造地球卫星上安装了遥感器后，通过远距离摄影，以及电子计算机数据处理，可以进行大面积探寻石油。

人类发现和利用石油的历史，十分悠久。我国的劳动人民早在 3 000 多年前就开始利用石油，在古书《易经》里就有利用石油的记载。2 000 多年前，我国开采石油作燃料和润滑剂，到 11 世纪，我国开凿了第一批油井，并炼制出粗石油产品——"猛火油"，还加工制取了其他石油制品，如炭黑、石蜡、沥青等。

炭 黑

石油是多种烃类的混合物，原油是很难直接利用的。必须经过石油炼制厂，把各种不同的烃类分离出来。石油从炼油厂出来后，才可以为人类提供各种各样的能量提供服务。

优质高效的天然气

据史料记载，明朝天启六年（1626）五月三十日，北京发生了王恭厂大爆炸事件。只听得"大震一声，天崩地塌，昏暗如夜，万室平沉。东自顺城门大街，北至刑部街，长三四里，周围十三里，尽为齑粉。王恭厂（当时的火药厂）一带被破坏得最为严重……"

究竟是什么原因引起了如此巨大的灾难呢？科学界迄今尚无定论，但许多科学工作者坚持认为，只有天然气才有可能引起威力如此巨大的爆炸。

且不论这起灾难的罪魁祸首是否是天然气爆炸，但从研究人员对此的判断，我们可以推知天然气的爆炸是相当有破坏力的。

从广义的定义来说，天然气是指自然界中天然存在的一切气体，包括大气圈、水圈、生物圈和岩石圈中各种自然过程形成的气体。而我们通常说的"天然气"，是从能量角度出发的狭义定义，是指天然蕴藏于地层中的烃类和非烃类气体的混合物，主要存在于油田气、气田气、煤层气、泥火山气和生物生成气中。天然气又可分为伴生气和非伴生气两种。伴随原油共生，与原油同时被采出的油田气叫伴生气；非伴生气包括纯气田天然气和凝析气田天然气两种，在地层中都以气态存在。凝析气田天然气从地层流出井口后，随着压力和温度的下降，分离为气液两相，气相是凝析气田天然气，液相是凝析液，叫凝析油。天然气主要成分为甲烷，比空气轻，具有无色、无味、无毒的特性。

与煤炭、石油等能源相比，天然气在燃烧过程中产生的能影响人类呼吸系统健康的物质极少，产生的二氧化碳仅为煤的40%左右，产生的二氧化硫也很少。天然气燃烧后无废渣、废水产生，具有使用安全、热值高、洁净等优势，是目前世界上公认的优质高效能源和可贵的化工原料。

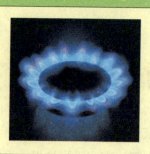

■图与文

天然气是一种重要的能源，广泛用作城市煤气和工业燃料。天燃气每立方米燃烧热值为8 000～85 00千卡。

当前，人们已发现或利用的天然气有六大类，分别为：油型气、煤成气、生物成因气、无机成因气、水合物气和深海水化物圈闭气。我们日常所说的天然气是指常规天然气，它包括油型气和煤成气。这两类天然气的主要成分是甲烷等烃类气体。天然气中还有一些非烃类气体、如氨气、二氧化碳、氢气和硫化氢，等等。

天然气被广泛用作黑色冶金、化工生产、城市发电的燃料，以及对陶瓷、玻璃、电缆及不少行业的特殊工艺过程的加热和升温。

我国是最早开发利用天然气的国家。汉晋时期，我国已经有了盐井，为了煮盐，还掘凿了火井——天然气井。那时候的天然气井，深达60多丈（约合200米），利用井里冒出来的天然气煮盐。这比英国1668年使用天然气大约早13个世纪。

以液化天然气为燃料的货运飞机在1997年首次飞上蓝天,它是由俄罗斯图波列夫航空器材科研技术综合体研制成功的。

俄罗斯研制以天然气作燃料的飞机,是因为2010年前后,俄罗斯的航空汽油将严重短缺,而俄罗斯本身

天然气汽车

在研究天然气利用技术方面又处于领先地位,例如俄罗斯专家首创的靠压力差液化天然气的技术就被认为是当前世界上最先进的技术。

飞机如此,那么汽车呢?汽车同样可以用天然气作燃料。从1995年底开始,哈尔滨市首批20余辆汽车重新装上了"我国60年代初曾用过的燃气罐"。不过,这不再是出于"贫油"的无奈,而是冰城人保护环境、节约能源的新选择。

汽车的增多,使得尾气造成的污染日益加剧,许多大城市甚至出现了光化学烟雾。用天然气、液化石油气代替燃油,具有燃烧充分、污染小、成本低等特点。

燃烧的"冰块"——可燃冰

可燃冰又称为"气冰"、"固体瓦斯",学名为"天然气水合物"或甲烷水合物,外貌极似冰雪,点火即可燃烧,因此称为"可燃冰"。

可燃冰是天然气在0℃和30个大气压的作用下结晶而成的"冰块"。"冰块"里甲烷占80%~99.9%,可直接点燃。可燃冰一旦温度升高或压强降低,甲烷气则会逸出,固体水合物便趋于崩解。另外,可燃冰燃烧后几乎

不产生任何残渣，污染比煤、石油、天然气都要小得多。西方学者称其为"21世纪能源"或"未来能源"。

可燃冰从外表上看像冰霜，从微观上看其分子结构就像一个个"笼子"。由若干水分子组成一个笼子，每个笼子里"关"了一个气体分子。

那么，要在什么样的条件下才能形成可燃冰呢？可燃冰的形成有几个基本条件。

首先，温度不能太高，在0℃以上即可生成，0℃～10℃为宜，最高上限是20℃左右，温度再高就分解了。

其次，压力要够，但也不能太大，0℃时，30个大气压以上它就可能生成。

第三，地底要有气源。在陆地只有西伯利亚的永久冻土层才具备形成以及使之保持稳定的固态的条件，而海洋深层300～500米的沉积物中都可能具备这样的低温高压条件。因此，其分布的陆海比例为1∶100。科学家估计，海底可燃冰分布的范围约4 000万平方千米，占海洋总面积的10%，海底可燃冰的储量够人类使用1 000年。

■ 图与文

可燃冰可直接点燃，燃烧后几乎不产生任何残渣，污染比煤、石油、天然气都要小得多。1立方米可燃冰可转化为164立方米的天然气和0.8立方米的水。

可燃冰被科学家们称为能源危机的救星，它真有这样巨大的潜力吗？

从能源角度来看，可燃冰可视为被高度压缩的天然气资源，每立方米能分解释放出160～180标准立方米的天然气。

通常情况下，可燃冰在燃烧时不会产生残余物，而且使用方便、清洁卫生，可以减少环境污染，因此科学家们一致认为：可燃冰可能成为人类新的后续能源，帮助人类摆脱日益临近的能源危机。目前，国际间公认全球的可燃冰总能量，是地球上所有煤、石油和天然气总和的2～3倍。

据报道,美国、日本等国均已经在各自海域发现并开采出天然气水合物。

既然可燃冰有望取代煤、石油和天然气,成为未来世纪的新能源,那为什么人类还不能大规模开采呢?这是因为,收集海水中的气体十分困难。海底可燃冰属于大面积分布,其分解出来的甲烷很难聚集在某一地区内收集;而且一离开海床便迅速分解,容易发生井喷意外。更重要的是,甲烷的温室效应要比二氧化碳厉害10~20倍。如果处理不当发生意外,分解出来的甲烷气体就会由海水释放到大气层,导致全球温室效应问题更加严重。

此外,海底开采还可能会破坏地壳稳定平衡,造成大陆架边缘动荡而引发海底塌方,甚至导致大规模海啸,带来灾难性后果。如果开采不利的话,这位"救星"可能还会成为地球环境的头号杀手。目前已有证据显示,过去这类气体的大规模自然释放,在某种程度上导致了地球气候急剧变化。

现在,随着对可燃冰在未来能源方面所扮演角色重要性的认识加深,科学家一方面加紧对这种新能源的探测,一方面继续研究开采技术,希望能早日让这位能源之星发挥出巨大的能量以服务于人类。

"天字第一号"——氢气能

氢元素是元素周期表排在第一位的元素,是世界上已知的最轻的气体。

瑞士科学家巴拉塞尔斯在400多年前把铁片放进硫酸中,放出许多气泡。可是当时人们并不认识这种气体。17世纪时,比利时著名的医疗化学派学者海尔蒙特曾偶然接触过这种气体,但没有把它离析、收集起来。1766年英国化学家卡文迪许对这种气体发生了兴趣,发现它非常轻,只有同体积空气重量的6.9%,并能在空气中燃烧成水。到1783年,法国化学家拉瓦锡经过详尽研究,才正式把这种物质取名为氢。

氢气一诞生,它的"才华"就初露锋芒。1780年,法国化学家布拉克

英国化学家卡文迪许

把氢气灌入猪的膀胱中，制造了世界上第一个最原始的冉冉飞上高空的氢气球，这是氢的最初用途。以后，人们又相继发现了氢的更丰富、更重要的用途，其中最主要的用途就是作燃料。

在众多的新能源中，在燃烧相同重量的煤、汽油和氢气的情况下，氢气产生的能量最多，而且它燃烧的产物是水，没有灰渣和废气，不会污染环境；而煤和石油燃烧生成的是二氧化碳和二氧化硫，可分别产生温室效应和酸雨。煤和石油的储量是有限的，而氢主要存于水中，燃烧后唯一的产物也是水，可源源不断地循环使用，永远不会用完。为此，氢被人们誉为天字第一号的干净燃料。

氢在氧气里能够燃烧，氢气火焰的温度可高达 2 500 ℃，因而人们常用氢气切割或者焊接钢铁材料。

在大自然中，氢的分布很广泛。水就是氢的大"仓库"，其中含有 11% 的氢。泥土里约有 1.5% 的氢；石油、煤炭、天然气、动植物体内等都含有氢。氢的主体是以化合物水的形式存在的，而地球表面约 71% 为水所覆盖，储水量很大，因此可以说，氢是"取之不尽、用之不竭"的能源。如果能用合适的方法从水中制取氢，那么氢也将是一种价格相当便宜的能源。

氢的用途很广，适用性强。它不仅能用作燃料，而且金属氢化物具有化学能、热能和机械能相互转换的功能。例如，储氢金属具有吸氢放热和吸热放氢的本领，可将热量储存起来，作为房间内取暖和空调使用。

氢作为气体燃料，首先被应用在汽车上。1976 年 5 月，美国研制出一种以氢气作燃料的汽车，后来，日本也研制成功一种以液态氢为动力的汽车；20 世纪 70 年代末期，前联邦德国的奔驰汽车公司已对氢气进行了试验，他们仅用了 5 千克氢，就使汽车行驶了 110 千米。

用氢作为汽车燃料，不仅干净，在低温下容易发动，而且对发动机的腐蚀作用小，可延长发动机的使用寿命。由于氢气与空气能够均匀混合，完全可省去一般汽车上所用的汽化器，从而可简化现有汽车的构造。

图与文

氢燃料汽车是以氢为主要能量作为移动的汽车。把氢输入燃料电池中，氢原子的电子被质子交换膜阻隔，通过外电路从负极传导到正极，成为电能驱动电动机，质子却可以通过质子交换膜与氧化合为纯净的水雾排出。

更令人感兴趣的是，只要在汽油中加入4%的氢气，用它作为汽车发动机燃料，就可节油40%，而且无需对汽油发动机作多大的改进。

氢气在一定压力和温度下很容易变成液体，因而将它用铁路罐车、公路拖车或者轮船运输都很方便。液态的氢既可用作汽车、飞机的燃料，也可用作火箭、导弹的燃料。美国飞往月球的"阿波罗"号宇宙飞船和我国发射人造卫星的长征运载火箭，都是用液态氢作燃料的。

另外，使用氢—氢燃料电池（以氢气为燃料气的燃料电池）还可以把氢能直接转化成电能，使氢能的利用更为方便。目前，这种燃料电池已在宇宙飞船和潜水艇上得到使用，效果不错。当然，由于成本较高，一时还难以普遍使用。

氢和电被称为两个孪生的能源"货币"，即是两个最有用的能源载体。比如，为了使用方便，人们可以把太阳能、风能、水力能、海洋能、地热能等等采用各种发电装置将它们转变成电能，将电能输送到需要的地方，然后再转换成机械能、热能或其他形式的能加以利用。氢也一样可以成为能源载体。比如，加拿大将极其丰富的水力发电所得电力，用于电解水制氢，并将氢液化，通过罐装液氢的方法将氢经海运到德国汉堡港，并分运至德国各地。现在，氢能—电能的相互转换技术也有了新的突破。通过燃料电池，可以用氢来直接发电。燃料电池将可能成为未来世界的一种重要的发电器。

不久的将来，燃料电池将成为继火力发电、水力发电、核能发电之后的第四种电力，人们对它抱有莫大的期望。不过，它需要不断降低成本，才能得到普及。

当美国为"双子星座"宇宙飞船选择电源装置时（该飞船要绕地球飞行两周），科学家们为电源的选择做了各种比较。首先这次宇宙飞行需要200千瓦小时的电力。为了提供这样的电力，若用最完善的蓄电池组——银锌蓄电池组，其重量为1 500千克；若利用太阳能电池，其重量为335千克；而用氢氧燃料电池装置，则只有225千克。这个数字首先使燃料电池占了上风。此外，氢氧燃料电池在宇宙空间还有其他一些优点。它产生电力不受阳光照度的影响；它小巧紧凑，可以按宇宙飞行器的要求做成任何一种几何形状；它不怕冲击、振动、辐射、真空、失重，没有有害排放物（这一点很重要，太空舱的容积很小，容不得任何一点儿污染）；它没有噪声，不会产生无线电干扰和辐射，能够在接近室温的温度下工作……

氢氧燃料电池不仅给宇航员们供电，而且还直接为他们供水。因为它每生产1千瓦小时的电力，还合成350克水，这正好解决了宇航员在太空中的饮水问题。要知道，飞船上每增加1千克的重量，就要大大增加运载火箭的负担。不难算出，宇航员们飞行1个月，因少带储备水而减少的飞船质量将以几千千克计！

"和平号"空间站

鼎鼎大名的宙航员阿姆斯特朗、奥尔德林、柯林斯喝的水，都是由"阿波罗"号飞船上使用的氢氧燃料电池合成的。前苏联宇航员罗曼年科在"和平号"空间站生活整整362天，喝的也是

氢氧燃料电池在工作中生成的"废水"。

随着制氢技术的发展，氢在将来有可能成为主要的家用能源。那时，有可能像现在输送城市煤气（或天然气）一样，通过管道把氢气送到千家万户。这样，每户家庭都可以用氢做燃料气，使家中的氢燃料电池发电。人们做饭、取暖、开启各种电器，都由燃料电池提供用电。这样清洁方便的氢能系统，将给人们创造舒适的生活。

现在世界上使用的氢的绝大部分是从石油、煤炭和天然气中制取的，这就得消耗本来就很紧缺的矿物燃料；另有4%的氢是用电解水的方法制取的，但消耗的电能太多，很不划算，因此，人们正在积极探索研究新的制氢方法。

随着太阳能研究和利用的发展，人们已开始利用阳光分解水来制取氢气。科学家在水中放入催化剂，在阳光照射下，催化剂便能激发光化学反应，把水分解成氢和氧。例如，二氧化钛和某些含钌的化合物，就是较适用的光水解催化剂。

人们预计，一旦当更有效的催化剂问世时，水中取"火"——制氢就成为可能，到那时，人们只要在汽车、飞机等油箱中装满水，再加入光水解催化剂，那么，在阳光照射下，水便不断地分解出氢，成为发动机的能源。

20世纪70年代，人们用半导体材料钛酸锶作光电极，以金属铂作暗电极，将它们连在一起，然后放入水里，通过阳光的照射，就在铂电极上释放出氢气，而在钛酸锶电极上释放出氧气，这就是我们通常所说的光电解水制取氢气法。

科学家们还发现，一些微生物也能在阳光作用下制取氢。人们利用在光合作用下可以释放氢的微生物，通过氢化酶诱发电子，把水里的氢离子结合起来，生成氢气。

由此看来，人类利用氢气能的时代就在不远的将来，也许就是21世纪的事也未尝不可能。

第三章
光辐射的能量
——光能

光能是由太阳、激光、蜡烛等发光物体所释放出的一种能量形式。在目前人类所知的光能中，太阳能是最常见、最重要的光能，也是最早被人类感知的一种光能。

作为人类最常见、最重要的光能，太阳能可以说是能量之母，绝大多数能量都直接或间接来源于太阳能，例如生物质能、风能、海洋能等均来自于太阳能。

能量之球——太阳能

太阳能，简单理解就是指太阳光的辐射能量。

自地球形成以来，万物就主要以太阳提供的热和光生存，你能想象如果没有太阳，地球会有多冷吗？还会有大量生命存在吗？是太阳的光和热给了人类生命，给了人类生存和社会发展所需要的能量。

我们知道，在茫茫的宇宙空间里，太阳只不过是一颗距离我们最近的恒星，是一个熊熊燃烧的巨大气体球。它的表面温度达 6 000 ℃，比炼钢炉内沸腾的钢水温度还要高 3 倍。它的体积硕大无比，有 130 万个地球大。在太阳内部每时每刻都在进行着激烈的核聚变反应。太阳的中心部分主要由氢元素构成，保持着 2 000 万℃的超高温、几千亿个大气压的超高压状态。在这种状态下，氢发生着聚变反应，即每 4 个氢原子核聚合成一个氦原子核，同时释放出大量的能量。这些能量之大，相当于 1 秒钟内爆炸 910 亿个百万吨级的氢弹。据估计，太阳上的这种核聚变反应已进行了 50 亿年，以后至少还能继续 50 亿年。

太阳不断向宇宙辐射巨大的能量，其中只有二十二亿分之一跑上 1.5 亿千米的路，来到地球上。可是，这些能量对我们来说，却大得惊人。我们把来自太阳的光和热就叫做太阳能。

地球每天接收的太阳能，相当于整个世界一年所消耗的总能量的 200 倍。每年投射到我国的太阳能，相当于燃烧 1.2 万亿吨标准煤产生的热量。

要知道，太阳每年都向地球释放这么多能量，一年又一年永不间断。如果科学家的判断是正确的，太阳还将这样照射地球达五六十亿年，也许会更长。可以想象地球将获得多少太阳能。

如果追本溯源，今天人类使用的能源，几乎都来源于太阳能，可以说太阳是能源之源。

比如说，植物是靠利用太阳光、水和二氧化碳进行光合作用而生长的。植物是一部分动物的食物，有些植物也供我们食用。亿万年前的绿色植物死后埋入地下形成了煤炭。几亿年前，海洋中依靠细小的绿色植物生存的微生物细胞埋入地下后变成了石油和天然气。所以说，今天我们烧的煤、石油和天然气都是很久以前的太阳光生产出来的。辐射到地球表面的太阳光约有47%以热的形式被陆地表面和海洋所吸收，由于地面各处受热不均，大气的温差随之发生变化，促使空气沿地面流动而形成了风。由于有了太阳光才有了风，我们从而获得了风能，利用它来推帆助航、提水、发电……

太阳光还能使海水蒸发，蒸发出来的水蒸气聚集在天空，形成了云。在条件适合的时候，云中的微小水滴凝结成大水滴降落下来，这就是雨。雨水倾注到大地上，又汇入海洋。我们可以从江河的奔腾和瀑布的飞泻中获得能量。

不过，这里所说的太阳能指的不是这些经过演变的太阳能，而是指直接利用太阳的光和热。

太阳能具有再生性，取之不尽用之不竭，而且比任何能源都干净，现在世界上许多国家都在加紧开发和利用太阳能。

太阳能的总量虽然很大，可是分摊到地球表面每一小块面积上的光和热却不多。还有太阳有升有落，天气有晴有阴，季节有春夏秋冬的变化，太阳光有强有弱。要想利用太阳能为人类生产生活服务，也并非那么容易。所以在过去的千百年中，太阳能没能被很好地利用。

现在，人们越来越认识到太阳能的重要价值。特别是在当

■图与文

人类所需能量的绝大部分都直接或间接地来自太阳。各种植物通过光合作用把太阳能转变成化学能在植物体内贮存下来。煤炭、石油、天然气等化石燃料也是由古代埋在地下的动植物经过漫长的地质年代形成的。

前世界各国面临能源日益紧缺的情况下，人们已把太阳能作为开发利用的现代主要新能源之一，因此，向太阳这个取之不尽的能源宝库索取能量实现人类历史上的能源变革，已成为今后能源开发的主要趋向。

随着科学技术的不断发展，人们对太阳能的利用也日益广泛和深入。现在，太阳能的利用已扩展到科学研究、航空航天、国防建设和人们日常生活的各个方面。

尽管人们对太阳能的开发利用方式如此丰富多样，然而直到目前为止，所利用的太阳能与太阳照射到地球上的能量相比，依旧是小巫见大巫，而且使用效率较低，规模也较小。

也正由于此，用现代化方法大规模地开发利用太阳能，是全世界人民奋斗的目标和心愿。

人类对太阳能的利用

人类利用太阳能已经有很久的历史了，据说在3 500年以前，古埃及人曾经利用太阳能来吹响风琴簧管；公元前212年，古希腊大物理学家阿基米德利用太阳能烧毁了罗马战船。

如果说上面所说的缺乏历史依据，那么下面的例子则是有据可查的。

《梦溪笔谈》里记载："阳燧面洼，向日照之，光皆聚内，离镜一至二寸，光聚为一点，大如麻菽，著物则生火。"这说明我国宋代已经用凹面镜来聚光生火了。

1878年，印度科学家艾达姆斯在《科学美国人》杂志上描述了一个能把太阳光聚集到一起的会聚型太阳灶。它是一个里面嵌着镀银玻璃的八面体锥形盒，能把太阳光会聚起来，通过圆柱钟形罐，集中到食物容器上加热食物。

这些例子说明，人类早就知道利用太阳能为自己服务了。随着生产力

发展和科学技术进步。太阳能已经在日常生活、工业、农业、交通以及航天事业等方面得到了广泛应用。

太阳能热水器 >>>

对太阳能的最简便易行的利用，就是在屋顶上安装太阳能收集器，利用阳光加热其中的循环流动的水。

太阳能热水器的基本原理是利用一个热交换吸收器，收集太阳辐射，进而实现热量循环。热交换吸收器由一个或几个接收器、热水储箱和控制系统组成。

■图与文

太阳辐射真空管的外管，管内的水吸热后温度升高，形成一个向上的动力，随着热水的不断上移并储存在储水箱上部，同时温度较低的水沿管的另一侧不断补充如此循环往复，最终整箱水都升高至一定的温度。

太阳能热水器系统有两种，一种带热水储箱，这种热水器常常在傍晚被使用其中的热水，另一种不带热水储箱，传热流体在太阳的作用下完全自然对流，不需附加机械能。

太阳能热水器结构简单，装置安全可靠，使用寿命一般在10年以上，它不仅可以满足一部分能源需要，而且有利于环境。

太阳能发电 >>>

从技术角度看，把太阳能直接转化成电能，才是应用太阳能最先进的途径。

把太阳能转换为电能有两种办法，一种是光电转换，一种是热转换。

光电转换是太阳能由太阳电池直接转换成直流电,几乎所有的人造卫星上所使用的都是太阳能电池。它可直接用于照明,为航标灯、电视机、远距离通讯设备等提供能量,加上一些附加电器,还可以驱动电动机、水泵等其他机器。

唯一的遗憾是太阳能电池的成本很高,至少要把目前的价格降低到它的1%,才能在地面上大面积使用。这极大地影响了它的推广。

第二种太阳能发电的方式是热转换,即接收系统先把太阳辐射转换为热能,然后由蒸气机把热能转化为电力。这种技术已广泛地应用于许多国家。

较之光电转换,热转换设备复杂而笨重,它一般适用于低发电量的装置,好处之一是成本较低。

世界上第一座太阳能热电站,是建在法国的奥德约太阳能热电站,这座电站当时的发电能力仅为64千瓦,但它却为以后太阳能热电站的建立和发展打下了基础。

1982年,美国建成了一座大型塔式太阳能热电站,这座电站用了1 818个聚光镜聚集太阳光,发电能力为10 000千瓦。过程是利用太阳能把油加热,再用高温油将水变成蒸汽,利用蒸汽来推动汽轮发电机发电。

太阳能发电的不足之处是,不论是光电转换还是热转换,都受到太阳辐射强度、天气变化、昼夜转换等因素的不利影响,目前科学家们正在研究如何完善这种太阳能利用方式,包括设想把太阳能热电站搬到宇宙空间去,从而能使热电站连续不断地发电,满足人们对能源日益增长的需要。但显然,目前这种方式还无法实现。

塔式太阳能电站聚光板

聚光式太阳灶 >>>

太阳灶是利用太阳能辐射，通过聚光获取热量进行炊事烹饪食物的一种装置。由于它不烧任何燃料，因此不造成任何污染，更重要的是它的加热速度很快。

■ 图与文

聚光式太阳灶的镜面大都采用旋转抛物面的聚光原理。若有一束平行光沿主轴射向这个抛物面，遇到抛物面的反光，则光线都会集中反射到定点的位置，于是形成聚光。

现在，太阳灶已是较成熟的产品。世界各国都先后研制生产了各种不同类型的太阳灶。尤其在发展中国家，太阳灶的研制和利用得到了较好的推广。

太阳灶基本上可分为箱式太阳灶、平板式太阳灶、聚光太阳灶和室内太阳灶、储能太阳灶。前3种太阳灶均在阳光下直接进行炊事操作。

有一种聚光式太阳灶，像一把倒撑着的伞。这种太阳灶的反射聚光镜用涤纶膜做成，镜面涂上一层铝，显得特别光亮，焦点处的温度高达400℃~500℃。我们把炊具放在焦点处，就可以做饭、炒菜、烧水。它相当于一个500瓦电炉。

由于太阳是不断移动的，这就要求聚光式太阳灶有跟踪太阳转的装置。简单的跟踪装置用手转动就可以了，也可以设置自动跟踪装置。

可以把聚光式太阳灶做成折叠式的，可折起又可张开，搬移、携带都非常方便。

太阳能电池 >>>

太阳能电池是通过光电效应或者光化学效应直接把光能转化成电能的装置。

太阳能电池是一种大有前途的新型电源,具有永久性、清洁性和灵活性三大优点:太阳能电池寿命长,只要太阳存在,太阳能电池就可以一次投资而长期使用;与火力发电、核能发电相比,太阳能电池不会引起任何环境污染;太阳能电池可以大中小并举,大到百万千瓦的中型电站,小到只供一户用的太阳能电池组,这是其他电源无法比拟的。

太阳能电池最初是应用在空间技术中的,后来才扩大到其他许多领域。

据统计,世界上90%的人造卫星和宇宙飞船都采用太阳能电池供电。美国已于近来研究开发出性能优异的太阳能电池,其地面光电转换率为35.6%,在宇宙空间为30.8%。澳大利亚用激光技术制造的太阳能电池,在不聚焦时转换率达24.2%,而且成本较低,与柴油发电相近。

在太阳能电池中,通常还装有蓄电池,这是为了保证在夜晚或阴雨天时能连续供电的一种储能装置。当太阳光照射时,太阳能电池产生的电能不仅能满足当时的需要,而且还可提供一些电能储存于蓄电

太阳能电池

池内。

卫星和飞船上的电子仪器和设备,需要使用大量的电能,但它们对电源的要求很苛刻:既要重量轻,使用寿命长,能连续不断地工作,又要能承受各种冲击、碰撞和振动的影响。而太阳能电池完全能满足这些要求,所以成为空间飞行器较理想的能源。

太阳能电池还能代替燃油用于飞机。世界上第一架完全利用太阳能电池作动力的飞机"太阳挑战者"号已经试飞成功,"太阳挑战者"号共飞行了4.5小时,飞行高度达4 000米,飞行速度为每小时60千米。在

■ 图与文

美国制成的"探索者"号太阳能飞机,机翼有74平方米,上面装有许许多多轻型硅太阳能电池,并采用了新型节能螺旋桨。这架飞机在1995年做高空试飞时,竟飞到了2万米高空。

这架飞机的尾翼和水平翼表面上,装置了16 000多个太阳能电池,其最大能量为2.67千瓦。它是将太阳能变成电能,驱动单叶螺旋桨旋转,使飞机在空中飞行的。

以太阳能电池为动力的小汽车,首先在墨西哥试制成功。这种汽车的外型像一辆三轮摩托车,在车顶上架了一个装有太阳能电池的大篷。在阳光照射下,太阳能电池供给汽车电能,使汽车以每小时40千米的速度向前行驶。

世界上第一艘用太阳能作动力的船,是20世纪90年代初由德国希利赫·海维克船厂建造的"莎丽丝塔"号游艇。这艘船的船体和舱室是用高性能玻璃纤维板制作的。太阳能电池板由720个太阳能电池组成,面积达9平方米,制成平台形铺在船舱顶上,人可以在上面行走,也可以像一般船的甲板那样承受载荷。太阳能电池板能提供1千瓦功率,和一个受微型电子计算机控制的直流转换器相连,以便保证它一直产生可能的最大功率,

而不受气候条件和蓄电池充电的影响。这艘太阳能船是用导管推进器推进的，一般每小时能在海上航行 5 海里。在强烈的阳光下，它想航行多长时间都可以；在没有太阳时，它靠蓄电池储存的电可以持续航行 6 小时。

安装在屋顶上的太阳能电池板，在阳光下会把光能转换成电能，经过逆变器转换成交流电，供给家用电器使用。可是人们在白天用电不多，必须配备蓄电池，把多余的电贮存起来，留到晚上或阴雨天使用。也可以与电网相联，将太阳能电池板在白天发出的多余的电"贮存"到电网中，就能随取随用。

太阳能电池在电话中也得到了应用。许多国家在公路旁的每根电线杆的顶端，安装着一块太阳能电池板，将阳光变成电能，然后向蓄电池充电，以供应电话机连续用电。蓄电池充一次电后，可使用 26 个小时。

攻无不克的神奇激光

激光最初的中文名叫做"镭射"、"莱塞"，其英文名 LASER 的意思是"受激辐射的光放大"。激光是 20 世纪以来，继原子能、计算机、半导体之后，人类的又一重大发明，被称为"最快的刀"、"最准的尺"、"最亮的光"和"奇异的激光"。

激光的原理早在 1916 年已被著名的物理学家爱因斯坦发现，但直到 1958 年才被首次成功应用。激光是在有理论准备和生产实践迫切需要的背景下应运而生的，它一问世，就获得了异乎寻常的飞快发展，激光的发展不仅使古老的

激光

光学科学和光学技术获得了新生,而且导致整个一门新兴产业的出现。激光可使人们有效地利用前所未有的先进方法和手段,去获得空前的效益和成果,从而促进了生产力的发展。

激光就是"受激辐射",它基于爱因斯坦提出的一套全新的理论。这一理论是说在组成物质的原子中,有不同数量的粒子(电子)分布在不同的能级上,在高能级上的粒子受到某种光子的激发,会从高能级跳到(跃迁)到低能级上,这时将会辐射出与激发它的光相同性质的光,而且在某种状态下,能出现一个弱光激发出一个强光的现象。这就叫做"受激辐射的光放大",简称激光。

作为能量,激光有两个特性十分鲜明,第一个是光能高度集中,具有高亮度。光在发光面上集中,使侧面发出的光集中到一个端面上去,这样,单位面积发出的光能增强几十倍以上;光在方向上集中,光是四面八方发射的,如果把180°范围内发的光集中到0.18°内发射,光亮度会增加近百万倍;光在时间上集中,激光器可以积蓄光能量,到一定程度突然爆发出来,可使光功率增加百万倍,在现有各类光源中,激光器的亮度最高,它的亮度为太阳光的100亿倍。第二是激光的颜色纯,即单色性好。在发现激光前,最好的一种单色光源是氪灯,然而,激光的单色性比氪灯还要好上万倍,而且,光的强度比原有的单色光源强许多倍。

激光有连续的,有脉冲的;固体激光效率不高,脉冲激光功率仅达千瓦;液体激光不易因受热炸毁;染料激光易发生连续波,在宽频带内频率可调;气体激光可由气体放电激励;气动力激光,输出功率较高,可达数万瓦;化学激光由化学反应产生原子态分布反转;半导体激光较微型、廉价,由电流通过双极结激励,

■ 图与文

光的颜色由光的波长决定。一定的波长对应一定的颜色,对应的颜色从红色到紫色共7种颜色,而激光器发射的光波波长单一,比如氦灯、氖灯、氢灯等。

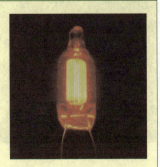

电光转换效率较高；使用 Q 开关，可产生强大激光短脉冲，用特殊晶体的非线性效应，可制出谐频激光；利用光栅和锁模技术，可使激光在一选定频率运转。

激光问世以后，因为有超高度的单色性、方向性、相干性和高功率，所以应用极广。

由于激光具有能量高度集中的特点，它已广泛应用于微波打孔、切割和焊接等工业加工方面。激光打孔较之机械打孔有许多优越性：不怕硬、孔又小又好，可以打多种形状的孔，而且效率高、操作方便。激光焊接用于微电子器件、电真空器件、精密仪表等生产上。它的特点是焊接能力强，速度快，省料，还可以隔着玻璃焊。激光切割不但能用于微电子工业，而且能大规模地切割各种金属、陶瓷材料、木材和纸张等。

由于激光的单色性极好，因此它在精密计量方面有着广阔的应用前景，利用激光不仅可以精密测量长度、平面平度，而且可以精密测量速度和角速度。

高亮度且单色的激光给光学准直仪提供了极好的光源。目前利用氦—氖激光器，可以获得 1 000 米不差几个毫米的直线基准。在没有合作目标的情况下，地面工作的测距仪，其工作距离为 10 千米以上，测量误差不超过 10 米。在装有使用目标的条件下，利用激光可测量地球和月球之间的距离，误差不超过几米。这些是原来的光学测距仪所望尘莫及的。

激光雷达与无线电雷达相比，激光雷

激光雷达

能量

达的分辨率很高,抗干扰性能好。但由于其光束很细,因此只适宜于精密跟踪,用于搜索比较困难,无线电雷达可以和激光雷达相互补充,可达到搜索与跟踪并重的作用。

激光还可应用于通讯。由于激光通讯的保密性好,因此可以用作相距几千米的两海岛之间、海岛和海岸之间、两军舰之间、两山头之间的保密通讯。

在太空中,由于没有大气的衰减,因此用激光作为通讯工具比较理想。目前,人造卫星、宇宙飞船已成为科学的现实,激光作为宇宙通讯的前途就更大了。

为了供给彩色激光电视机以电视信号,在电视摄像机中,用色散系统把光分成与3种激光波长相同的颜色,分别调制在载波上。电视接收器把3种信号分开,对应地调制3束激光。再经过合光系统合成一束光,送入垂直和水平偏转器,最后到屏幕上显像。全息照相是伴随着激光发展起来的一门新技术。全息照相技术不仅在立体电影方面有用,更主要的在科学研究和其他方面都很有用。

激光在医学上也有着"大展拳脚"的空间。利用激光显微技术、激光全息技术、超短脉冲激光技术,研究人员可以更好地了解各种生化过程和生命过程,有利于病

■图与文

激光刀是通过可以自由弯曲的玻璃纤维或塑料纤维传输,在它端部透镜的聚焦作用下,变成直径只有几埃的"尖锐"光束。激光刀所到之处,不管是皮肤、肌肉,还是骨头都会迎刃而解。

情诊断。激光理疗、激光针麻和激光手术等,解除了千百万患者的疾苦。激光已成为外科大夫的新型手术刀,已能治疗100多种病。激光治疗心血管疾病也已经取得重大发展。此外,激光已能用于心脏外科手术和心血管成形手术。利用激光治疗近视眼的研究也已经取得了显著的成效。

"冷光"独放异彩

在自然界中，有许多生物有发光的能力，比如细菌、真菌、蠕虫、软体动物、甲壳动物、昆虫和鱼类等，这些动物借助于自身的能量发出光来，这种发光过程其实是一种化学反应。由于在这个过程中化学能直接转化成了光能，所以它的发光效率几乎接近100%，只放出极少量的热，这种光因而被称作"冷光"。

在自然界众多的发光动物中，萤火虫是其中较有代表的一类。人们尝试从不同的角度研究萤火虫，深入探索其发光机理，以便仿制和应用这种神秘之光，造福人类。科学家们已经发现，萤火虫的发光器官位于腹部的后侧，它由透明的表皮、发光组织及其反射层组成。发光细胞内含有荧光素和荧光素酶，荧光素在荧光素酶的作用下发生氧化，并发出耀眼的光芒。进一步研究后科学家又发现，萤火虫的荧光素在发光时，一个荧光素分子只能释放出一个光子。荧光素酶能使荧光素百分之百地变成光能，荧光不含红外线、紫外线，波长约为560纳米，光温在0.001℃以下，是一种名副其实的"冷光"。萤火虫发出的冷光的颜色有黄绿色、橙色，光的亮度也各不相同，一般强度比较高，但都很柔和，很适合人类的眼睛。

有氧气的时候，

图与文

常见萤火虫的光色有黄色和绿色。有时也为红光或橙红色，颜色不同是因为荧光素酶的立体构造不同，与发光体结合紧密就发绿光，反之则是红色或橙红色的荧光。

在荧光素酶的催化下,荧光素与氧结合,释放出能量,再传递给荧光素酶,使之受激化而发出光来。这样,荧光素就不断地氧化成氧化荧光素,氧化荧光素经萤火虫体内的三磷腺苷提供能量,又将氧化荧光素还原成荧光素,荧光素又可继续起作用而发出亮光。如此反复,"冷光"就源源不断地发出来了。

由于萤火虫的光源来自体内的化学物质——三磷腺苷(ATP),不带辐射热,发光的效率高,几乎能将化学能全部转化为可见光,为现代电光源效率的几倍到几十倍,因此被认为是非常理想的光源。

有很多细菌能发出蓝绿色或黄绿色的光。这些发光菌常常寄生在动物和植物上,使这些动物或植物"发光"。用菌制成"菌灯",世界上许多地方都有记载。但是,制作菌灯最有名者要算是法国生物学家杜波依斯了。他制作的菌灯,在1900年巴黎博览会上大放异彩。他用的是比真菌更小的细菌培养物。他把发光细菌用营养液培养两天,然后用离心机除去清液,将沉淀下来的菌体涂抹在玻璃瓶内壁,就制成了蓝光闪闪的"菌灯"。

在拉丁美洲加勒比海北部的大巴哈岛上,有一个非常奇妙的湖。每当清风徐来,夜色朦胧之时,人们泛舟湖上,随着船桨的划动,湖面上便形成一片闪闪发光的水波,从桨上滴落下来的无数水珠也发出粼粼碧火,仿佛晶莹剔透的明珠掉进了湖里。尤为奇特的是,此时船的周围也飞起美丽的火花。站在岸边向湖面望去,只见桨儿起落,火花飞舞,闪动着的碧火忽明忽暗,就像天上繁星撒落湖面,真是蔚为壮观。难怪人们把这个湖叫做"火湖"。

这种奇异的自然景象在茫茫大海里更是司空见惯,夜航的船员和渔民有时会看到巨轮行驶过的海面上,亮起一道道闪闪发光的水波。那奔腾的海浪犹如一条条火舌,令人眼花缭乱。灿烂的火花织出的一幅幅美丽的画卷,使浩瀚的海洋更加充满神奇的色彩,这就是所谓的"海火"或"海光"。

为什么有的湖和海会发光呢?原来在这些湖泊和海洋里生活着许多特有的发光生物。这些发光生物中有大型的鱼虾,也有为数众多、繁衍迅速、个体微小的甲藻、放射虫和细菌。当它们成群结队地在水面上密集出现时,

科学 第一视野 | KEXUE DIYI SHIYE

■ 图与文

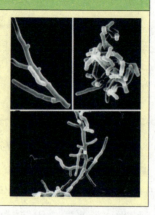

海洋细菌是生活在海洋中的、不含叶绿素和藻蓝素的原核单细胞生物。它们是海洋微生物中分布最广、数量最大的一类生物，个体直径常在 1 微米以下，呈球状、杆状、螺旋状和分枝丝状。

一旦受到船尾螺旋桨的搅动或波浪的冲击等外界刺激，就会大放光芒。

海洋细菌的发光率和陆地上的萤火虫一样，是很高的，大大超过一般的蜡烛、白炽灯和日光灯。将经过离心沉淀的 0.2 克发光细菌培养物，用 1 万倍的海水稀释，则所发出的光在夜间可使面对面的两人彼此看清对方的脸，并能在离此光源 1 米的地方读书看报。若把新鲜海萤（一种生活在海洋底部的甲壳动物）放在低温下迅速干燥，研成粉末，使所含的荧光素和荧光素酶不受破坏，便能保持多年。只要把这种粉末加水湿润，它就会立即发光。

早在 20 世纪 40 年代，人们根据对萤火虫的研究，创造了日光灯，使人类的照明光源发生了很大变化。近些年来，科学家先是从萤火虫的发光器中分离出了纯荧光素，后来又分离出了荧光素酶，接着，又用化学方法人工合成了荧光素。由荧光素、荧光素酶、ATP（三磷腺苷）和水混合而成的生物光源，可在充满爆炸性瓦斯的矿井中当闪光灯。由于这种光没有电源，不会产生磁场，因而可以在生物光源的照明下，做清除磁性水雷等工作。

现在，人们已能用掺和某些化学物质的方法得到类似生物光的冷光，作为安全照明用。意大利一家公司研制出一台名叫"法宝"的新颖台灯。这是首次利用冷光系统设计而成的台灯。该灯独具匠心，小巧玲珑，性能卓越，已取得世界性的专利。由于这种生物灯不需电源、电线，不用灯泡，它发出的光色彩柔和，适于人的视觉，且不产生热量，因此，在易爆物质的贮存库和充满一氧化碳、氢气等易燃易爆气体的矿井里，尤其是在化学武器贮存库和弹药库里，它是最安全的照明设施。如果把这种灯用于战场，作为军官们夜间查看地图、资料用的战地灯，那也是再好不过了。它不仅携带、使用起来十分方便，而且隐蔽性好，不易暴露目标，即使敌人使用红外微光夜视侦察仪和热成像探测器，在它面前也将变成"瞎子"。

目前人类对冷光的研究和利用，还仅仅处于初级阶段，随着研究的进一步深入，冷光必将大放异彩。

北极光也有能量

北极光是出现于北极地区上空的一种绚丽多彩的发光现象。从每年的秋天开始，北极附近，太阳就一落不起，在整个冬天都是漫漫长夜，到了仲春，太阳才慢慢地在地平线上出现，北－东－南－西地绕着圈子走，越绕越高，最后再不下落，用一句话概括说，那里是半年的白天，半年的黑夜。

就在这长长的"永夜"里，伴随着冰雪严寒，北极光在天空里突然出现了，红的、紫的，像长蛇，像飘带，曲折扭动，忽亮忽暗，变幻不定，美丽异常，给北极这个寂寞的空旷之地平添了许多瑰丽的美景。

北极光不仅在北极，偶尔也在高纬度地区出现，它飘忽在挂满白雪的松柏树上空，把树木、房屋的轮廓从黑暗中衬托出来，美丽之中又添诡异。

在极个别情形下，北极光甚至会向南扩展到我国的北方地区。

那么，神奇的北极光究竟是什么东西？

一位聪明的科学家通过一个非常有趣的实验，说明了这个问题。他建造了一个真空室，在真空室的一端安上了一个能够放电的金属阴

瑰丽的北极光

极，代表太阳。而在真空室的另一端，他安上了一个磁化的钢球，代表地球。钢球的南北两个磁极，代表地球的南北极。当真空室里的大部分空气被抽走之后，他在阴极和钢球之间加上高电压，于是，真空室里开始放电。这时，很神奇，在代表地球的钢球南北极的上空出现了明亮的放电光晕——极光。原来，高电压使真空室里残余的少量空气产生了电离，电离产生的一些带电的气体离子和电子，按照异性相吸的原理各自奔向两个电极，如果"地球"没有磁场的话，这些带电粒子就会直接打在"地球"表面上，然而，磁化了的"地球"所带的强磁场，却使离子流偏离了原来的方向，并且被约束在磁力密集的南北极"上空"，形成了辉光放电。

真正的北极光是这样形成的：太阳表面的高温使许多气体电离并且蒸发形成了一股向周围空间高速喷射的粒子流，称作"太阳风"。太阳风很稀薄，平常看不见而且感觉不到，但它"吹"到地球附近时，其中的带电粒子却受到地球磁场的影响，改变了原来直线前进的方向，在南北极上空形成一个高速的"旋涡"。当它和地球高空稀薄的气体，如氧、氮、水分子等相互碰撞时，便发出了明亮奇幻的"极光"。

北极光的例子告诉我们：凡是带电粒子，如果在前进中间遇到了磁场，它就会被磁场偏转；如果磁场足够强，它就会绕磁场转圈，磁场逾强，转的圈子就逾小。

我们知道，所有的物质都是由原子组成，聚变原料氢、氘等当然也不例外。在常温条件下，原子是不带电的，也就是说，原子核的正电荷核外电子的负电正好相抵消，但是当温度升到千万摄氏度乃至亿摄氏度以上时，情形就很不一样了。这时每个原子热运动的速度都非常之快，达到了每秒几千千米乃至几万千米的速度，这样疯狂的速度加上频繁的、猛烈的碰撞，使得绝大多数的原子都被撞碎了，成为一些带正电的离子和游离出来的等离子体。它的特点是每一个成员不但跑得飞快，而且都带电，因而，它们和太阳风一样，就会被磁场抓住，被"拘"在磁场里跳起圆圈舞而不能四散奔逃。这样，磁场不就像一个看不见的"炉壁"一样，把处在几千乃至亿摄氏度下的物质——等离子体拘住了吗？实际上，磁场的本身比这还大，

能量

依靠不是静止而是快速运动变化的磁场,还可以对等离子体进行加热或压缩。所以,在这里,"炉子"的概念完全变了,变得不是用耐火材料砌的、我们熟悉的炉子,而是用磁场"做"的、变化多端、无法用眼睛看到的"炉子"。说无法用眼睛看到也不完全对,因为用眼睛能看到用来产生磁场的、巨大的电磁线圈,将等离子体与外面空气隔开的真空室等设备,它们组合成一个庞大的环形装置,这就是目前最先进的、用来征服高温等离子体、研究受控核聚变反应的"托卡马克"反应器。当然,在不同的国家里,它们又被叫成不同的名字,在我国西南物理研究院的一台,我们把它叫做"中国环流器一号"。

■图与文

"中国环流器 1 号"自 1984 年 9 月启动后,获得的等离子体能量和持续时间与国际同等规模的试验装置比较,都达到了较高的水平,表明我国核聚变的研究开始进入采用较大装置进行实验的新阶段。

北极光是一种变换了形式的太阳能,它也拥有巨大的能量,但到目前为止,我们对这种能量还无能为力,无法捕捉到,更别说是利用它为人类服务,不过,科学家已经开始关注了,相信随着研究的不断深入,相信终有一天,人类会"亲手"捕捉到北极光的能量,利用它来为造福人类。

不可见光的独特能量

红外线能量 >>>

红外线是太阳光线中众多不可见光线中的一种,又称为红外热辐射。

德国科学家霍胥尔将太阳光用三棱镜分解开,在赤、橙、黄、绿、青、蓝、紫7种不同颜色的色带位置上放置了温度计,试图测量各种颜色的光的加热效应。结果发现,位于红光外侧的那支温度计升温最快。因此得到结论:太阳光谱中,红光的外侧必定存在看不见的光线,这就是红外线。太阳光谱上红外线的波长大于可见光线,波长为 0.75～1 000 微米。

红外线燃烧器

红外线具有热效应和穿透云雾的能力,在医疗上具有独特的生理治疗作用。

红外线照射体表后,一部分被反射,另一部分被皮肤吸收。皮肤对红外线的反射程度与色素沉着的状况有关,用波长 0.9 微米的红外线照射时,无色素沉着的皮肤反射其能量约 60%;而有色素沉着的皮肤反射其能量约 40%。长波红外线照射时,绝大部分被反射和为浅层皮肤组织吸收,穿透皮肤的深度仅达 0.05～2 毫米,因而只能作用到皮肤的表层组织;短波红外线以及红色光的近红外线部分透入组织最深,穿透深度可达 10 毫米,能直接作用到皮肤的血管、淋巴管、神经末梢及其他皮下组织。

红外线治疗作用的基础是温热效应。在红外线照射下,组织温度升高,毛细血管扩张,血流加快,物质代谢增强,组织细胞活力及再生能力提高。红外线治疗慢性炎症时,改善血液循环,增加细胞的吞噬功能,消除肿胀,促进炎症消散。红外线可降低神经系统的兴奋性,有镇痛、解除横纹肌和平滑肌痉挛以及促进神经功能恢复等作用。在治疗慢性感染性伤口和慢性溃疡时,改善组织营养,消除肉芽水肿,促进肉芽生长,加快伤口愈合。红外线照射还有减少烧伤创面渗出的作用。此外,红外线还经常用于治疗扭挫伤,促进组织肿胀和血肿消散以及减轻术后粘连,促进瘢痕软化,减

能量

轻瘢痕挛缩等。

光浴的作用因素是红外线、可见光线和热空气。光浴时,可使较大面积,甚至全身出汗,从而减轻肾脏的负担,并可改善肾脏的血液循环,有利于肾功能的恢复。光浴作用可使血红蛋白、红细胞、中性粒细胞、淋巴细胞、嗜酸粒细胞增加,加强免疫力。局部浴可改善神经和肌肉的血液供应和营养,因此可促进其功能恢复正常。全身光浴可明显地影响体内的代谢过程,增加全身热调节的负担,对自主神经系统和心血管系统也有一定影响。

由于红外线能量的独特性,还常常用于生活中高温杀菌、红外线夜视仪、监控设备、手机的红外口,宾馆的房门卡,汽车、电视机的遥控器,洗手池的红外感应,饭店门前的感应门等。

主动式红外夜视仪具有成像清晰、制作简单等特点,但它的致命弱点是红外探照灯的红外光会被红外探测装置发现。20世纪60年代,美国首先研制出被动式的热像仪,它不发射红外光,不易被敌发现,并具有透过雾、雨等进行观察的能力。

1991年海湾战争中,在风沙和硝烟弥漫的战场上,由于美军装备了先进的红外夜视器材,能够先于伊拉克军的坦克而发现对方,并开炮射击。而伊军只是从美军坦克开炮时的炮口火光上才得知大敌在前。由此可以看出红外夜视器材在现代战争中的重要作用。

红外热成像仪是根据凡是高于一切绝对零度(-273℃)以上的物体都有辐射红外线的基本原理、利用目标和背景自身辐射红外线的差异来发现和识别目标的仪器。

由于各种物体红外线辐射强度不同,从而使人、动物、车辆、飞机等清晰地被观察到,而且不受烟、雾及树木等障碍物的影响,白天和夜晚都能工作,

■ 图与文

红外成像仪是用红外热成像技术,探测目标物体的红外辐射,并通过光电转换、信号处理等手段,将目标物体的温度分布图像转换成视频图像。

是目前人类掌握的最先进的夜视观测器材。但由于价格特别昂贵,现在只能被应用于一些特殊领域和特殊场合中,比如军事、消防、救灾、工业检测等方面。

紫外线能量

紫外线也是太阳光线中众多不可见光线中的一种,是电磁波谱中波长从 0.01~0.40 微米辐射的总称,是可见光紫端到 X 射线间的辐射。

1801 年的一天,研究太阳光谱的德国科学家里特突然想要了解太阳光分解为七色光后有没有其他看不见的光存在。当时他手头正好有一瓶氯化银溶液。人们当时已知道,氯化银在加热或受到光照时会分解而析出银,析出的银由于颗粒很小而呈黑色。这位科学家就想通过氯化银来确定太阳光七色光以外的成分。他用一张纸片蘸了少许氯化银溶液,并把纸片放在白光经棱镜色散后七色光的紫光的外侧。过了一会儿,他果然在纸片上观察到蘸有氯化银部分的低片变黑了,这说明太阳光经棱镜色散后在紫光的外侧还存在一种看不见的光线,里特把这种光线称为紫外线。

黑光灯

自然界的主要紫外线光源是太阳。太阳光透过大气层时波长短于 290×10^{-9} 米的紫外线为大气层中的臭氧吸收掉。人工紫外线光源有多种气体的电弧(如低压汞弧、高压汞弧)等。

紫外线有化学作用能使照相底片感光,荧光作用强,日光灯、各种荧光灯和农业上用来诱杀害虫的黑光灯都是用紫外线激发荧光物质发

光的。紫外线的粒子性较强，能使各种金属产生光电效应。

紫外线是位于日光高能区的不可见光线。依据紫外线自身波长的不同，可将紫外线分为3个区域，分别是短波紫外线、中波紫外线和长波紫外线。

■图与文

早在1878年人类就发现了太阳光中的紫外线具有杀菌消毒作用。1901年和1906年人类先后发明了水银光弧这一人造紫外光源和传递紫外光性能较好的石英材质灯管，法国马赛一家自来水厂很快在1910年首次使用紫外线消毒工艺。

短波紫外线简称UVC，是波长200～280纳米的紫外光线。短波紫外线在经过地球表面同温层时被臭氧层吸收，不能到达地球表面。短波紫外线对人体可产生重要作用，因此，对短波紫外线应引起足够的重视。

波长200～290纳米的紫外线能穿透细菌、病毒的细胞膜，给核酸以损伤，使细胞失去繁殖能力，达到快速杀菌的效果。

中波紫外线简称UVB，是波长280～320纳米的紫外线。中波紫外线对人体皮肤有一定的生理作用。此类紫外线的极大部分被皮肤表皮所吸收，不能进入皮肤内部。但由于其阶能较高，对皮肤可产生强烈的光损伤，被照射部位真皮血管扩张，皮肤可出现红肿、水泡等症状。长久照射皮肤会出现红斑、炎症、皮肤老化，严重者可引起皮肤癌。由此中波紫外线又被称作紫外线的晒伤（红）段，是应重点预防的紫外线波段。

长波紫外线简称UVA，是波长320～400纳米的紫外线。长波紫外线对衣物和人体皮肤的穿透性远比中波紫外线要强，可达到真皮深处，并可对表皮部位的黑色素起作用，从而引起皮肤黑色素沉着，使皮肤变黑，因而长波紫外线也被称作"晒黑段"。长波紫外线虽不会引起皮肤急性炎症，但对皮肤的作用缓慢，可长期积累，是导致皮肤老化和严重损害的原因之一。

由此可见，防止紫外线照射给人体造成的皮肤伤害，主要是防止紫外线 UVB 的照射。

X 射线能量

■ 图与文

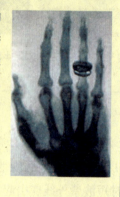

为了证实自己的发现，伦琴说服了妻子，用这种射线拍摄了妻子的手。这张显示出手部骨骼结构的照片立即在社会上引起了轰动。这张 X 射线照片因此成为了世界上第一张 X 射线照片。

1895 年 9 月的一天，德国实验物理学家伦琴正在做阴极射线实验。阴极射线是由一束电子流组成的。当位于几乎完全真空的封闭玻璃管两端的电极之间有高电压时，就有电子流产生。阴极射线并没有特别强的穿透力，连几厘米厚的空气都难以穿过。

这一次伦琴用厚黑纸完全覆盖住阴极射线，这样即使有电流通过，也不会看到来自玻璃管的光。可是当伦琴接通阴极射线管的电路时，他惊奇地发现在附近一条长凳上的一个荧光屏（镀有一种荧光物质氰亚铂酸钡）上开始发光，像是受一盏灯的感应激发出来似的。他断开阴极射线管的电流，荧光屏即停止发光。由于阴极射线管完全被覆盖，伦琴很快就认识到当电流接通时，一定有某种不可见的辐射线自阴极发出。由于这种辐射线的神秘性质，他称之为"X 射线"。

X 射线的特征是波长非常短，频率很高，其波长约为（20～0.06）×10^{-8} 厘米之间。因此 X 射线必定是由于原子在能量相差悬殊的两个能级之间的跃迁而产生的。所以 X 射线光谱是原子中最靠内层的电子跃迁时发出来的，而光学光谱则是外层的电子跃迁时发射出来的。X 射线在电场磁场中不偏转。这说明 X 射线是不带电的粒子流，因此能产生光的干涉、衍射现象。

X 射线具有很高的穿透本领，能透过许多对可见光不透明的物质，如

黑纸、木料等。这种肉眼看不见的射线可以使很多固体材料发生可见的荧光，使照相底片感光以及空气电离等效应。波长越短的X射线能量越大，叫做硬X射线，波长长的X射线能量较低，称为软X

■图与文

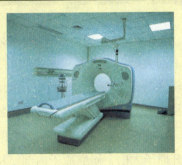

CT是"计算机X线断层摄影机"或"计算机X线断层摄影术"英文缩写，是近代飞速发展的电子计算机控制技术和X线检查摄影技术相结合的产物。

射线。当在真空中，高速运动的电子轰击金属靶时，靶就放出X射线，这就是X射线管的结构原理。

伦琴发现X射线后仅仅几个月时间内，它就被应用于医学影像。1896年2月，苏格兰医生约翰·麦金泰在格拉斯哥皇家医院设立了世界上第一个放射科。

临床上常用的X线检查方法有透视和摄片两种。透视较经济、方便，并可随意变动受检部位作多方面的观察，但不能留下客观的记录，也不易分辨细节。摄片能使受检部位结构清晰地显示于X线片上，并可作为客观记录长期保存，以便在需要时随时加以研究或在复查时作比较。必要时还可作X线特殊检查，如断层摄影、记波摄影以及造影检查等。选择何种X线检查方法，必须根据受检查的具体情况，从解决疾病（尤其是骨科疾病）的要求和临床需要而定。很快，X线检查成为了临床辅助诊断的方法之一。

借助计算机，人们可以把不同角度的X射线影像合成成三维图像，在医学上常用的电脑断层扫描（CT扫描）就是基于这一原理。

X射线在工业中用来探伤。它可以激发荧光、使气体电离、使感光乳胶感光，故X射线可用电离计、闪烁计数器和感光乳胶片等检测。晶体的点阵结构对X射线可产生显著的衍射作用，由此X射线衍射法已成为研究晶体结构、形貌和各种缺陷的重要手段。

α、β、γ 射线能量

1898年，法国化学家卢瑟福发现铀和铀的化合物所发出的射线有两种不同类型：一种是极易吸收的带电粒子流，他称之为α射线；另一种是有较强的穿透能力的带负电荷的粒子，他称之为β射线。后来法国化学家维拉尔又发现具有更强穿透本领的第三种射线γ射线。

由于组成α射线的α粒子带有巨大能量和动量，就成为卢瑟福用来打开原子大门、研究原子内部结构的有力工具。

卢瑟福用镭发射的α粒子作"炮弹"，用"闪烁法"观察被轰击的粒子的情况。1919年，终于观察到氮原子核俘获一个α粒子后放出一个氢核，同时变成了另一种原子核的结果，这个新生的原子核后来被证实为是氧17原子核。这是人类历史上第一次实现原子核的人工转变，把古代炼金术士梦寐以求的把一种元素变成另一种元素的空想变成现实。当时卢瑟福写了一本书就取名为《新炼金术》。

α射线旧称"甲种射线"，是放射性物质所放出的α粒子流。它可由多种放射性物质（如镭）发射出来。α粒子的动能可达几兆电子伏特。从α粒子在电场和磁场中偏转的方向，可知它们带有正电荷。由于α粒子的质量比电子大得多，通过物质时极易使其中的原子电离而损失能量，所以它穿透物质的本领比β射线弱得多，容易被薄层物质所阻挡，但是α射线有很强的电离本领。从α粒子的质量和电荷的测定，确定α粒子就是氦的原子核。α射线对人体内组织破坏能力较大，

卢瑟福

但由于其质量较大，穿透能力差，在空气中的射程只有几厘米，只要一张纸就能将其挡住。只释放出α粒子的放射性同位素在人体外部不构成危险，然而，释放α粒子的物质（镭、铀等等）一旦被吸入或注入，那将是十分危险，它能直接破坏内脏的细胞。

β射线是由放射性同位素衰变时放出来的带负电荷的粒子。在空气中射程短，穿透力弱。在生物体内的电离作用较γ射线、X射线强。本来物理世界里没有左右之分的，但β射线却有左右之分。

β射线比α射线更具有穿透力，但在穿过同样距离，其引起的损伤更小。一些β射线能穿透皮肤，引起发射性伤害。但是它一旦进入体内引起的危害更大。β粒子能被体外衣服消减、阻挡，一张几毫米厚的铝箔可将其完全阻挡。

γ射线由放射性同位素如 ^{60}Co 或 ^{137}Cs 产生，是一种高能电磁波，又称γ粒子流。γ射线的波长比X射线还要短，一般波长小于0.001纳米。在原子核反应中，当原子核发生α、β衰变后，往往衰变到某个激发态，处于激发态的原子核仍是不稳定的，并且会通过释放一系列能量使其跃迁到稳定的状态，而这些能量的释放是通过射线辐射来实现的，这种射线就是γ射线。

原子核衰变和核反应均可产生γ射线。通过对γ射线谱的研究可了解核的能级结构。γ射线有很强的穿透力，工业中可用来探伤或流水线的自动控制。γ射线对细胞有杀伤力，医疗上用来治疗肿瘤。

当人类观察太空时，看到的为"可见光"，然而电磁波谱的大部分是由不同辐射组成的，当中的辐射的波长有较可见光长的，也有较之短的，大部分单靠肉眼并不能看到。通过探测γ射线能提供肉眼所看不到的太空影像。

γ射线具有极强的穿透本领。人体受到γ射线照射时，γ射线可以进入到人体的内部，并与体内细胞发生电离作用，电离产生的离子能侵蚀复杂的有机分子，如蛋白质、核酸和酶，它们都是构成活细胞组织的主要成分，一旦它们遭到破坏，就会导致人体内的正常化学过程受到干扰，严重的可以使细胞死亡。

γ射线弹除杀伤力大外，还有两个突出的特点：一是γ射线弹无需炸药引爆。一般的核弹都装有高爆炸药和雷管，所以贮存时易发生事故。而γ射线弹则没有引爆炸药，所以平时贮存安全得多。二是γ射线弹没有爆炸效应。进行这种核试验不易被测量到，即使在敌方上空爆炸也不易被觉察。因此γ射线弹是很难防御的。

γ射线是具有高能量的电磁波，基本上无法完全隔离，一般用重原子物质（铅）等进行隔离。

第四章
水流蕴藏的能量
——水能

水能是指水体的动能、势能和压力能等能量。广义的水能包括河流水能、潮汐水能、波浪能、海流能等能量。狭义的水能指河流的水能。

人类利用水能最重要的方式就是水能发电，通常的方式是水的落差在重力作用下形成动能，从河流或水库等高位水源处向低位处引水，利用水的压力或者流速冲击水轮机，使之旋转，从而将水能转化为机械能，然后再由水轮机带动发电机旋转，切割磁力线产生交流电。

古人对流水的利用

我国有一句成语,叫"水滴石穿",其意思是说水滴长时间的作用,可把坚固的石头击穿。从物理学的角度看,这句话是说水滴虽然微小,但运动起来却同样具备能量。

我国唐朝伟大的诗人李白曾写过这样的诗句:"朝辞白帝彩云间,千里江陵一日还。两岸猿声啼不住,轻舟已过万重山。"这是描述在长江三峡里顺水行舟之快。如果是逆水行舟,则要艰难得多了。从物理学的角度来讲,这首诗同样说明了流动的水具有能量。

实际上,古人早已知道流水具有能量,既然流动的水具有能,人们就开始琢磨如何利用它来为人类服务。

人们很早就发明了水碾、水磨、水车等用具,来利用水下落所具有的动能。水碓也是劳动人民利用水能的一项创造。用柱子架起一根木杠,木杠的一端装一块圆形的石头,另一端装一个容器,水流入容器,使有石头的一端抬升,到达一定的高度后,水自动流出,石头砸下。这样,石头连续起落,可用来舂米。

图与文

水车又称孔明车,是我国最古老的农业灌溉工具,是利用水来驱动木制的车提水灌溉的农业用具。相传为汉灵帝时华岚造出雏形,经三国时孔明改造完善后在蜀国推广使用,至今已有1700余年历史。

人们在初期对水能的利用还不止这些。在工业革命的故乡英国,17、18世纪曾出现了很多利用水力的机械。正因为如此,当时很多的小工业作坊都分布在泰晤士河两岸。

让水轮机转动起来

利用水能来发电开始于 100 多年前，最初的形式是用水来驱动水轮机发电。

水能是从哪儿来的呢？归根结底，水能来自太阳，在地球上，不论是高山上的瀑布，峡谷间的潮流，还是江河里的洪波，它们都是来自天上的降水。这降水又是如何发生的呢？这就要追溯到海水在接受太阳的辐射能以后所产生的蒸发。

海洋释放出来的水蒸气比空气轻，因而上升。在上升过程中，风又推动它，到高空后形成云。在适当的气象条件下，云就凝结成雨或者雪而下降。如果云被一片丘陵或者山脉所阻隔，

■ 图与文

利用河流、湖泊等位于高处具有位能的水流至低处，将其中所含的位能转换成水轮机的动能，再藉水轮机为原动力，推动发电机产生电能。

就会发生如下的过程：云被迫上升，冷却，使降雨量增大。这叫地形雨。若云越过山岭，则它再次下降、受热并从大气和地面吸收水分而降雨。因此山区的迎风坡获得的雨量要比逆风坡多得多，这称之为雨影效应。

雨和雪降下的水，或再次蒸发，或进入土地以灌溉植物，或流入河川湖泊并终归大海。这就完成了水的一次循环，我们用以发电的水力能正是由此循环过程取得的。

那水力能又是如何变成电的呢？设想一下，一堵水坝挡住流水的去路，把水积存在水库中。然后，从高度为 H 处放水，让水落在水轮机上，推动

它旋转。使水轮机与发电机相联，这样，水轮机的转动便带动发电机转动而发电。

水电站的发电功率在很大程度上取决于水库水位的高低。利用筑坝方法形成的人工水库，其库容与水库的水位有关。水电站的水库在正常工作情况下，上游所允许经常保持的高临界水位，是所谓的正常高水位。水库水位的下限是死水位。死水位是水库正常工作情况下所允许经常保持的低临界水位，在水库放空时出现。水库正常高水位和死水位之间的库容，是有效库容。水库进行水量的调节即利用这部分库容。故又称为调节库容。死水位以下的库容叫死库容。有效库容与死库容之和为水库的总库容。死库容是不被利用的，通常约占总库容的 10% ~ 60%。

通常以水库堤坝越高，水的落差就越大，水电站的功率就可能越大。在不同的河道，由于所处的地形、地质条件的区别，集中落差的方式不尽一样。这样，就形成了不同类型的水电站。

（1）堤坝式水电站。堤坝式水电站的主要特点是，通过筑坝来获得水头。这种水电站多建筑在坡度不大的河道上，一般为河流的中下游。这里坡度较缓，所集中的落差不会太大，

但河流的流量很大。筑坝后上游形成库容较大的库区，不可避免地引起上游回水区的淹没，从而提高了电站的造价。但是，水库除了发电外，还可以调节水量，收到防洪、灌溉等综合利用的效益。

堤坝式水电站又可分为河床式和坝后式两种。河床式水电站的厂房与坝并列，互相成为延长部分。电站厂房可与坝在同一直线上，或与坝成某一角度。它的特点是：厂房须承受上游水头的压力，形成挡水结构的一部分。故厂房结构的设计应与水工建筑物的设计要求相同，在大河流上，挡水建筑物的长度是很大的。

坝后式水电站的厂房并不作为挡水建筑的一部分，而是位于堤坝后面，因此，其水电站厂房并不承受水的压力。水流是由设置在坝体内的压力水道引入水轮机的。坝后式水电站多建造在两岸山势峻峭、岩石坚固、适于修筑高坝的水力地址。此种水电站可集中较高的水头，达到数十米乃

至一二百米。

（2）引水式水电站。此种水电站和水库是分开的。水电站的水头是由较小坡降的引水渠道来形成的。其堤坝的作用仅仅是使水流顺利地导入引水渠中。堤坝的高度是很小的，所以上游的淹没并不显著。其引水道是人工的水工建筑物，应在河岸上选择尽可能短直的路线，并且坡降也须尽可能地小。由于引水道的坡降小于原河道的坡降，所以经过一定距离后，引水道中的水位即将高于河道的水位，从而构成水头。引水道通常都为渠道形式。当地形条件不允许建筑渠道或不利于建筑渠道时，引水道也可采取其他形式，如隧洞和压力管道等。

在两种特殊情况下，采用引水式布置特别有利。一是当较长河段上有一个很大的转弯，在转弯的终始两端处，距离虽然很近，但水位相差很大。这时，开凿较短的引水渠就能得到相当高的水头。另一种是两条河相距不远，但水位相差很大。水自一条河中引出而流入另一条河中，例如我国大渡河某段的河床较邻近的马边河约高 80 米，而两河相距最近处仅数千米。这种情况最适宜采用引水式。

引水式水电站的水头大小是不受限制的。现已有的引水式水电站的水头往往很大，有时甚至超过 1 700 米。而提坝式水电站的水头一方面受建筑高坝的限制，另一方面又受堤坝壅水所引起的淹没的限制。水头大是引水式水电站的一个明显优势。

（3）混合式水电站。这种电站的落差是由采用提坝和引水道两种措施联合构成的。就是说，一部分水头由堤坝抬水造成，另一部分水头由引水建筑物来形成。因此，它兼有前述两种水电

■ 图与文

利用电力负荷低谷时的电能抽水至上水库，在电力负荷高峰期再放水至下水库发电的水电站。它可将电网负荷低时的多余电能，转变为电网高峰时期的高价值电能，这就是抽水蓄能电站。

站的优点。一方面，建在堤坝上游的水库，可以用来调节水量。另一方面，引水道可以使水电站的水头增加而不增加堤坝的高度。因此淹没面积不会增加。在河道的上游坡降很小而下游坡降很大的情况下，特别适宜于采用这种布置。

（4）抽水蓄能电站。这种水电站利用的不是两水间天然形成的落差，而是先和其他能源发出的电能把水抽到"位于高处"的水库中储存起来，然后供此种水电站在适当的时候用来发电。

我们知道，一天之中电能的需求率是变化不定的。例如，在后半夜几个小时内，一些地区的需电量显著减少。这样，在这段时间内火力发电厂便有过剩的电力，这正可用来将水从抽水蓄能发电厂的低水库抽到高水库。待到第二天用电高峰时，把高水库中的水放出来发电，可用来补充火力发电厂供电量的不足。

世界上第一座抽水蓄能电站于1882年诞生在瑞士的苏黎世，至今已有100多年的历史。但世界上抽水蓄能电站得到迅速发展，是在20世纪60年代以后的事。我国抽水蓄能电站建设起步较晚，20世纪60年代后期才开始研究抽水蓄能电站的开发，但发展迅速。

水力发电有很多优点：①运行和维护的费用低。②水轮发电机组的转速较低，无高温和高压，因此制造起来，不需要特殊的钢材，另外，这种发电机组发生故障的次数较少，寿命较长。③水电站启停迅速灵活，是最好的调峰、调频和事故用电源。水电机组启停只要几分钟。而火电机组启动需要几个小时，火电机组频繁启动，不仅耗能大，而且设备容易损坏，所以，水电和火电、核电机组配合运行，可以使火电和核电均衡负荷，提高能源利用率，节约燃料降低发电成本，减少设备磨损腐蚀，并确保电网周波和电压稳定，减少事故停电，提高供电质量和可靠性。④无污染。水力发电是一种最清洁的能源。

潮涨潮落都做功

我们知道,海水终年累月都在流动,但是海水的运动不同于江河的水流,江河水总是向着一个方向,而海水却经常改变方向,每天都进行往复运动。古书上说:"大海之水,朝生为潮,夕生为汐。"也就是说,海水的涨落在早晨发生的叫潮,在晚上发生的叫汐。在涨潮和落潮之间,有一段短时间水流处于不涨也不落的状态,叫做平潮。

运动总是有原因的,那么是谁有这么大的能量让大量的海水形成如此频繁的往复运动呢?

自古许多人去试图回答这个问题,随着对潮汐现象的不断观察和科技水平的不断提高,对形成潮汐的原因,也逐渐有所认识。我国古代有个叫余道安的人,在所著的《海潮图序》一书中说:"潮之涨落,海非增减,盖月之所临,则水往从之"。可见,当时已直觉地认识到月亮运动是潮汐运动的原因。到17世纪80年代,英国的牛顿在发现了万有引力定律之后,提出了潮汐是由于月亮和太阳对海水的吸引所引起的。

潮汐现象

既然潮汐的产生是由月球和太阳的引潮力所引起的,而月亮和太阳的运行有着很强的周而复始的规律,所以潮汐也同样具有很强的周期性。一

科学第一视野 | KEXUE DIYI SHIYE

日之内地球上除南、北极附近及个地区外，各处潮汐均有两次涨落。每次周期 12 小时 25 分，一日两次，共 24 小时 50 分钟。因此潮汐涨落的时间每天都要推后 50 分钟。

太阳、月亮和地球三者的相对位置是不断变化的，它们的吸引力合力也相应地变化着。两种吸引力有时互相增强，有时则又互相抵消。当朔、望时，太阳、月亮与地球位于同一直线上，太阳和月亮的引潮方向一致，便互相增强，出现大潮。每当上、下弦时，月亮和太阳相对于地球来说，处于相互垂直的位置上，故两种引潮力互相抵消，出现小潮。其他时间引潮力则变动于两者之间，故出现的潮汐也变动于大、小潮之间。从第一次大潮到第二次大潮，有半个月的时间。

月亮绕地球运动，每月一周，其中有半个月是在赤道以北，另半个月则在赤道以南，月亮所在的赤纬不同，其引潮力也不同，故当月亮在赤道以北的半月周期和以南的半月周期的潮汐情况也是有差别的。

■ 图与文

钱塘江大潮是发生在杭州湾的一种涌潮。由于杭州湾是一个外宽内窄的大喇叭口，每到涨潮，江中一下吞进大量海水，向里推进时，由于河道突然变窄，潮水涌积，酿成高潮。

月球和太阳的引潮力在引起潮汐涨落现象的同时，还可以使海水产生一种带有周期性的水平运动，叫潮流。当潮流沿河道逆流而上，既受到河槽挟束，又与下泄河水相互激荡，其水头往往如银山耸立，可高达 2～4 米，流速可达每小时 14.8～18.5 千米，声势猛烈，宛如千军万马奔腾，那就是所谓的"涌潮"或"暴涨潮"，从而使一些狭窄的海峡、海湾和喇叭形河口等沿岸地带的潮汐能更为丰富。我国钱塘江口的涌潮极负盛名，古人词赞："未疑沧海尽成空，万面鼓声中"钱塘观潮成为当地的一大盛事。

通常，我们把潮汐和潮流所包含的动能，统称为潮汐能。全世界海洋蕴藏的潮汐能如果都用来发电，其发电的功率约有 27 亿千瓦，每年的发电量可达 33 480 万亿度。我国可开发的潮汐能按发电量计算，占全世界蕴藏量的 34% ~ 44%，为我国利用潮汐能提供了良好的条件。

我国的大陆海岸线长达 1.4 万多千米，沿海还有很多小港湾、小河口，也都是潮汐能利用的好场所，所以，我国潮汐资源也非常丰富的。

开发潮汐能的主要方式是潮汐发电。所谓潮汐发电，就是利用潮汐涨落潮差的能量，用水库控制其落差来推动水轮机，再由水轮机带动发电机发电。显然，潮汐发电的原理和江河上水力发电相类似。

潮汐发电的方式，通常根据建立水库的多少，水轮机在涨潮和落潮阶段是否都能运转发电，区分其发电方式：

（1）单库单向电站，即只用一个水库，在高潮时引进海水，低潮时放水发电。但因只能在涨潮（或落潮）时候发电，故发电量和发电时间均较少，潮汐资源未能得到充分利用。

（2）单库双向发电站，这种电站同样也是有一个水库，但不管在涨潮还是落潮时，均可发电，只是在平潮时（即水库内、外水位相平）才不发电。由于涨、落潮时均可发电，所以发电时间发电量均较多，能比较充分利用潮汐资源。

（3）双库单向电站，这种电站需要建造两座毗邻的水库，一个水库仅在涨潮时放水，另一个水库只在落潮时放水。这样前一水库的水位始终比后一水库的水位高，故前者称为上水库，后者称为下水库。水轮发电机组便放在两水库之间的隔坝内，两水库始终保持着水位差，故水轮机可全日发电。

潮汐发电是 20

■ 图与文

朗斯河口在法国西北部英吉利海峡沿岸。由于这个河口特别狭窄，像个喇叭形，潮水从大海涌来，到这里便越流越快，潮头越来越高（潮水一涨一落的高差有 13.5 米），好像万马奔腾，蕴藏着巨大的能量。

世纪才开始的，1912年，德国工程师波恩国对北海海岸德国范围的适当地点修建潮汐电站进行过研究。1933年，英国在塞文河口建立了世界上第一个潮汐发电站。1866年，法国在朗斯河中建立了当时最大的潮汐电站，年发电量达5亿多度。我国从20世纪80年代开始，在沿海各地区陆续兴建了一批中小型潮汐发电站并投入运行发电。其中最大的潮汐电站是1980年5月建成的浙江省温岭县江夏潮汐试电站，它也是世界已建成的较大双向潮汐电站之一。它坐落在浙江南部乐清湾北端的江厦港。

向暴怒的波浪要电

亲身经历过或者从电视、网络等媒体上，我们经常看见碧波万顷的大海时常暴怒起来，排山倒海的波浪由远而近，铺天盖地而来。波浪是由风吹动水产生的。它蕴藏着巨大的能量。它可以把巨大的船舶任意抛上抛下，可以把一块重达几十吨的岩石抛到几十米的高处，可以把1 700吨重的岩石翻转。一般海浪的高度小于4米。大风暴掀起的海浪可高达八九米，甚至十几米。历史上，在太平洋上曾发生过35米高的特大海浪，相当一幢12层楼那么高。

海浪年复一年，日复一日地流淌，永不停歇。它所蕴藏的

巨 浪

巨大能量，空耗在冲刷海滩了。直至20世纪，人们才开始利用它来发电，为人类服务。

巨大的波浪从何而来呢？

我国有句俗话叫"无风不起浪"。广大海域里的波浪，主要是由于风而产生的。各种空气运动，和海面产生摩擦，导致了波浪的产生。

波浪的能量，主要由浪高和周期决定。而浪高和周期，又都取决于风速。测定表面，风速每秒10米时，每1米长的海岸，蕴有24千瓦的波力能，风速每秒12米时，每1米的海岸，波力能竟高达210千瓦。

我国海域的波浪，主要是由风力作用引起的，其次是从太平洋传来的涌浪。我国是季风气候区，冬季多偏北风，以偏北浪为主。夏季多偏南风，以偏南浪为主。我国沿海蕴藏着巨大的波浪动能，约达1.7亿千瓦以上，一旦充分利用，是一笔惊人的财富。

实际上，19世纪就有人提出了波力发电的设想。1855年，英国制成了第一台波力发电装置，但是发电的效率不高。100多年来，科学家们一直在致力于发明成本低、效率高的波力发电装置。到如今，

■ 图与文

1965年，日本研制用于航标灯的波力发电装置获得成功。现在日本、英国、挪威和中国等国家正在进行多种波力发电试验研究，其中较大型的是日本等5国在日本海试验的"海明号"波力发电船。

世界各国波力发电的设计方案多达几百种，式样繁多，各有千秋。但是原理都是一样的，都是将以上下运动的波能转变成高速旋转运动的机械能，从而带动发电机发出电力。

目前通常采用的方法是利用空气涡轮法。这个方法是利用波浪的推力，使空气活塞室中的空气不断受到压缩和扩张，使波力转化成空气的流动，然后由气流推动空气透平机的叶片，使涡轮机产生高速旋转运动而带动发电机发出电来。中央管道里的水面是相对静止的，在波力使与中央管道相

连的浮标上下运动时，中央管道里的水面就相当于一上"活塞"，空气活塞室内的空气就被该"活塞"所压缩和扩张，从而空气从空气活塞中冲出来以推动空气透平机，再带动发电机的转子转动而发电。

为什么用空气作介质，而不用其他介质呢？这是因为波浪上下运动的速度慢。一般来说，发电机的转速要求达到每分钟几百转或几千转，而波浪的运动是达不到这个速度要求的。用机械传动的方法之所以不合适，一方面因为它的速度慢，另一方面因为机械传动引起的能量损失大，而且设备复杂，效率较低而不切实用。

波力发电装置主要有两类，一类是浮标式波力发电装置，上面所讲的就是这一类。另一类是固定式波和发电装置，原理和浮标式相似，它只是将空气活塞室固定在海岸边，不用浮标，通过中央管道内水面的上下升降代替浮标的上下，使空气活塞室的空气压缩和扩张。

浮标式波力发电装置可用于供应航标灯、灯塔的用电。固定式波力发电装置可用作灯塔的电源，也可以作民用照明的电源。

还有一种波力发电机，其结构比较简单，可利用波浪的运动能直接发电，而成本可以比其他波力发电装置低，但是发电的功率不是很大，约5千瓦左右，能解决一些无电缺电地区的用电问题。其浮标随波浪的上下而运动，它与沉箱一起牵动滑轮，使滑轮做旋转运动。滑轮再通过机械变速部分带动发电机发电。

日本是个四面环海的岛国，为了更好地利用波浪的能量来发电，研制了"海明"号波力发电装置，并且获得了成功。这个发电装置是利用波浪上下运动的力量来工作的。它是一个巨大的浮体——一条无人驾驶的"船"，浮在海上。长80米、宽12米，有500吨重。船底有22个大洞，每个洞里装着一个无底的空气箱（也叫空气室）。每两个空气箱装有一台空气涡轮机，而涡轮机是与发电机相连的。

当这条发电船浮在海面上，空气箱下面的海浪不停地上下起伏着，压缩着箱内的空气。正像用打气筒给自行车打气那样：握住打气筒的手柄，一上一下不停地运动，就把压缩空气打进了轮胎。同样道理，海浪连续地

压缩着箱内的空气，被压缩的空气就以高速喷向涡轮机的叶片，使涡轮机转动，带动发电机发出电来。年发电量可达19万千瓦时，发出的电源源不断地通过海底电缆送上岸堤。

英国人索尔特研制成一种"浮鸭"装置，

■ 图与文

"海明"波力发电计划在1978年至1979年完成了第1期试验，对三种不同形式的波力发电机组进行了对比试验。第Ⅱ期海上试验于1985年至1986年进行。研究的主要目标是提高发电效率，减小机组体积和重量，改进海底输电系统和锚泊系统并根据海上运行结果评价波浪发电的经济性能。

是利用波浪横向运动的能量来发电的。这个装置的模样很古怪，一头是圆形，另一头比较尖，挺像一只鸭。给它装上很长的桨片，按照一定的角度伸向各方。将"浮鸭"浮在海面上，海浪一来，浮鸭的脖子摆动，桨片转动水泵，水泵推动水，水推动涡轮发电机，就会发出电来。

在海上，"浮鸭"装置总是随着波浪一起一伏，就像点头的鸭子一样，所以它还有一个名字，叫"点头鸭"。

一个"点头鸭"的能力不够，可以把20～40个"点头鸭"连成长长的一串，正对着波浪的来向排成一列，每1米的长度上可以发电几千瓦。发出的电由海底电缆送到岸上。

以上都是利用波浪的上下运动的能量来发电的波力利用装置。近来人们又设想出利用波浪的横向运动的能量来发电。横向运动的波叫摇荡波，利用这种波来发电的装置称之为"摇荡波力发电装置"。波的横向运动的能量比上下运动的能量还要大，正对摇荡波的海岸线上，每1米长的距离，其能量高达77千瓦，如果采用适当的发电设备能利用其一半。但目前这种发电方式尚处于实验阶段。

波力能取之不尽，用之不竭，而且，利用波力能发电还有一个好处，那就是环保，几乎不会对环境产生不良的影响。

海水盐差能发电

在大江大河的入海口,即江河水与海水相交融的地方,江河水是淡水,海水是咸水,淡水和咸水就会自发地扩散、混合,直到两者含盐浓度相等为止。在混合过程中,还将放出相当多的能量。这就是说,海水和淡水混合时,含盐浓度高的海水以较大的渗透压力向淡水扩散,而淡水也在向海水扩散,不过渗透压力小。这种渗透压力差所产生的能量,称为海水盐浓度差能,或者叫做海水盐差能。

概括起来说,盐差能是以化学能形态出现的海洋能,是海水和淡水之间或两种含盐浓度不同的海水之间的化学电位差能。

盐差能不仅仅存在于河海交接处,同时,淡水丰富地区的盐湖和地下盐矿也可以利用盐差能。

盐差能是海洋能中能量密度最大的一种可再生能源。虽然苦咸味海水,人类饮用起来不方便,但是,这种苦咸的海水在工业上却大有用武之地,可用来发电,是一种能量巨大的海洋资源。

从本质上说,海水盐差能是由于太阳辐射热使海水蒸发后浓度增加而产生的。被蒸发出来的大量水蒸汽在水循环过程中,又变成云和雨,重新回到海洋,同时放出能量。

在淡水与海水之间有着很大的渗透压力差,一般海水含盐度为3.5%时,其和河水之间的化学电位差有相当于240米水头差的能量密度,从理论上讲,如果这个压力差能利用起来,一条流量为$1m^3/s$的河流的发电输出功率可达2 340千瓦。

从原理上来说,这种水位差可以利用半透膜在盐水和淡水交接处实现。如果在这一过程中盐度不降低的话,产生的渗透压力足可以将盐水水面提高240米,利用这一水位差就可以直接由水轮发电机提取能量。如果用很

有效的装置来提取世界上所有河流的这种能量，那么可以获得约 2.6TW（太瓦）的电力。更引人注目的是盐矿藏的潜力。在死海，淡水与咸水间的渗透压力相当于 5 000 米的水头，而盐穹中的大量干盐拥有更密集的能量。

利用大海与陆地河口交界水域的盐度差所潜藏的巨大能量一直是科学家的理想。

在 20 世纪 70 年代，各国开展了许多调查研究，以寻求提取盐差能的方法。实际上开发利用盐度差能资源的难度很大，上面引用的简单例子中的淡水是会冲淡盐水的，因此，为了保持盐度梯度，还需要不断地向水池中加入盐水。如果这个过程连续不断地进行，水池的水面会高出海平面 240 米。对于这样的水头，就需要很大的功率来泵取咸海水。目前已研究出来的最好的盐差能实用开发系统非常昂贵。这种系统利用反电解工艺（事实上是盐电池）来从咸水中提取能量。

还有一种可行的技术方法是根据淡水和咸水具有不同蒸气压力的原理研究出来的：使水蒸发并在盐水中冷凝，利用蒸气气流使涡轮机转动。这种过程会使涡轮机的工作状态类似于开式海洋热能转换电站。这种方法所需要的机械装置的成本也与开式海洋热能转换电站几乎相等。但是，这种方法在战略上不可取，因为它消耗淡水，而海洋热能转换电站却生产淡水。所以利用盐差能的道路还需要一段较长的时间。

虽然，利用盐差能的道路充满不定性，但由于其蕴含的能量十分巨大，因此还是吸引了诸如美国、日本、瑞典以及我国等一些国家投入相当大的人力和物力来研究。相信，随着研究的深入，必定会找出一条

■ 图与文

据估计，世界各河口区的盐差能达 30TW（太瓦），可能利用的有 2.6TW。我国的盐差能估计为 $1.1×10^8$ kW（千瓦），主要集中在各大江河的出海处，同时，我国青海省等地还有不少内陆盐湖可以利用。

可行性的开发利用之路来。

让海水温差发电梦想成真

　　太阳辐射给地球带来了大量的热量，占地表面积约71%的海洋，又占据了其中的大部分，因此，可以说海洋是地球的一个巨大的太阳能聚热器和蓄能仓库。

　　海洋所吸收的热量会使海洋表层的水温升高，但地球不同地区，海洋表层水温是不一样的。在赤道附近，即南纬20℃到北纬20℃的范围内，海洋表面层（深130米左右）的温度通常是25℃～29℃，红海可高达35℃，而海洋深500米处的温度却保持在5℃～7℃。由于海洋表层到深层的温度是逐渐降低的，因而海洋的表层和深500米处的温度差可达20℃以上。

　　然而，几千年来人们对这一自然现象熟视无睹，直到19世纪，一些科学家从热力学角度设想利用海洋表层和深层的海水温差来回收太阳能，加以利用，也就是将热能转换成动能和电能，亦即海水温差发电。如果海水温差为20℃，每秒吸进1吨水，则其中所含的热能若以35%的效率转换成电能，其输出功率可达3 000千瓦。

海面要吸收大量太阳能

　　那么，科学家们是发何实现一梦想的呢？

　　1881年，法国科学家特阿森最早提出了温差发电的原理。1926年，有人做了这么一个实验。右面的烧瓶里加入28℃的温水（相当于海洋表层的水温），左面的烧瓶里加入冰块，并保持在0℃，

（代替海洋深处的温度）。用真空泵将烧瓶内的压力抽到0.038千克/厘米^2（相当于1/25个大气压力）。在这个压力下，水的沸点就下降为28℃，也就是说，使右面的烧瓶中的28℃的温水在此低压下成为沸腾的水。这个道理如同高山上由于气压比地面上低，水不到100℃就沸腾的道理一样，只不过在这个实验中的压力更低，所以水的沸点更低，这样，右面烧瓶内蒸发的水蒸汽经过一个喷嘴喷出，推动涡轮旋转，涡轮与发电机的转子相连，发电机就同时旋转，即发出了电能。这个实验中表明，海水温差发电是可能的。在美国凯路亚科纳实验电站里，用13根白色塑料管道，把吸收了太阳热能的上层海水，注入一个压力很低的容器里。温海水在这里一下子沸腾起来，产生许多蒸气。用这些蒸气去推动汽轮发电机，就可以发出电来。用过的蒸气被送入管道，用从800米深处抽上来的冷海水使它冷却，凝固成淡化水。

用这种方法发电，可以不受多变的潮汐和海浪的影响，不消耗任何燃料，也不会污染环境，不仅可以产生电，而且每天还可以得到大量味道甘美的淡化海水。

还有一种利用海水温差发电的方法，

■图与文

海水表面与深海的温差可达20℃，可利用某些特殊气体（如氨气），在流经海面时吸热成为气态推动汽轮机发电，用过的气体再送入深海冷却成液体而继续下一次循环。

是利用被太阳晒热的温海水，使被加压的一种液体氨变成蒸气。用这种蒸气去推动汽轮发电机发电。然后再用深海的冷水使氨蒸气冷却，变成液体循环使用。

在利用海水温差发电的系统中，温差开式发电循环系统是常见形式之一。系统主要包括真空泵、温水泵、冷水泵、闪蒸器、冷凝器、透平发电机等组成部分。工作过程是：真空泵先将系统内抽到一定程度的真空，接着启动温水泵把表层的温水抽入闪蒸器，由于系统内已保持有一定的真空度，所以温海水就在闪蒸器内沸腾蒸发，变为蒸汽。蒸汽经管道由喷嘴喷出推动透平发电机运转，带动发电机发电。从透平排出的低压蒸汽进入冷凝器，被由冷水泵从深层海水中抽上来的冷海水所冷却，重新凝结为水，并排入海中。在此系统中，作为工作介质的海水，由泵吸入闪蒸器蒸发，推动透平做功，然后经冷凝器冷凝后直接排入海中。

哪里的海水温差发电最好呢？显然应当是热带海洋。热带地区阳光强烈，海水里储存的太阳能最多，上下层海水温差也最大。在赤道两侧的热带海区，一到数十米以下，海水温度便会急骤下降，这种降温直到一二百米深处才逐渐趋缓。到500米深时，海水温度便可降至5℃～7℃，在900米深处，水温便降到5℃以下，到2 000米以下，就基本稳定在2℃左右。我国西沙群岛海域，在5月份测得表层海水水温有30℃。而1 000米深处的冷海水只有5℃。这里的海水温差大，很适合发电。我国位于东半球，海洋温差条件比较好，尤其是台湾附近的海水温差较大，是建设海水温差发电站的好地方。

据海洋学家调查，全世界海洋面积为3.6亿平方千米，所以海洋中深度在500米以内的海水量最多只不过15亿亿吨，在整个海洋175亿亿吨海水中还不到10%，其余90%以上的160亿亿吨海水全是深度为500～11 000多米、温度在7℃以下的冷海水。这些海水是永远也用不完的，它完全可以成为用以提取温差能源进行温差发电所必不可少的强大后盾。据估计只要把南北纬20°以内的热带海洋充分利用起来发电，水温降低1℃放出的热量就有600亿千瓦发电容量，全世界人口按60亿计算，每人也能分得10千瓦，前景是十分诱人的。

但是，上面所说的毕竟是理论，而且只是对小规模利用海水温差发电前景的描述，因此虽然利用海水温差发电的前景十分诱人，却尚有许多技术难关需要突破，才能降低成本。

应该认识到，这种努力是值得的。海水温差发电具有煤、油等天然化石燃料不具备的优点。

首先，海水温差发电不消耗天然的燃料资源，从长远看，是比较经济的发电方式，也是一种没有污染的发电方式。这种发电方式可以长期使用，

其能量的来源是用之不尽，取之不竭的。

其次，海水温差发电需把大量的深海冷水抽上来，而这些水中含有较多的营养成分，有利于浮游生物的增殖，以便发展养殖渔业，据说，这样可以使渔业产量提高 20 多倍。

海水温差发电的梦想绝不仅仅只停留在空想的阶段，相信随着科学家们的持续努力，这一梦想终有一天会梦想成真。

让水像油一样燃烧起来

100 多年前，法国著名科学幻想作家儒勒·凡尔纳预言：总有一天水会被用作燃料，为人们提供一个取之不尽、用之不竭的热和光的能源。

叫水变成燃料！乍听起来，觉得很不可思议。众所周知，水火不相容，水是最常用的灭火剂，正在熊熊燃烧的烈火，一遇上水就会熄灭，怎么能叫水变成燃料呢？

让我们仔细分析一下，我们知道，水是由二个氢原子和一个氧原子组成的化合物。一般情况下，水性情稳定，氢、氧原子紧密团结，但在一些特殊的情况下，水可以被分解成氢和氧。

1781 年，英国化学家卡文迪许发现，氢的基本性质是能够和氧发生燃烧反应生成水，并放出大量的热。燃烧 1 千克氢，可以放出热量 34 000 千卡，而同等质量的一氧化碳燃烧后只能放出 2 400 千卡，

■ **图与文**

氢气是一种蕴藏着巨大能量的高能燃料！用氢气作燃料不但热值高，而且还有一个最大的优点，就是不产生氧化氮、二氧化硫和二氧化碳之类污染大气、影响环境的物质，更没有尘烟。

仅为氢气的 1/14，1 千克汽油的热值也仅为 11 000 千卡，不到氢气的 1/3。

那么，怎样得到氢呢？

一种办法叫铁蒸汽法。将水蒸汽通过灼热的铁屑，这时铁屑与水汽作用，生成四氧化三铁并放氢。

另一种办法叫转化法。将水蒸汽通过灼热的煤层，首先生成氢和一氧化碳的混合物，俗称水煤气，将水煤气再和水蒸汽一起通过灼热的氧化铁，就转化成二氧化碳和氢，将它们分离后可得到氢。

第三种是电解法，主要是利用半导体电极催化电解水，得到氢和氧。

广义上看，还有两种方法，一种是直接利用蓝—绿藻低等植物，在氩气中经光照后分解水产生氢和氧。但放氢量很少，而且不能长时间连续放氢。另一种是光化学催化分解水放氢，即用一种金属化合物做催化剂，利用太阳能使水分解放出氢和氧。

不管是已经用在工业上的方法，还是试验中的方法，都具有成本高，需消耗其他能源的缺点。尤其在化石燃料已告危机的情况下，再用它们生产氢气做燃料，有些"剜肉补疮"的意味。

然而，事实却并非如此。

如果单从数量的得失而言，发展氢能确实得不偿失，但是，我们必须看到问题的另一面。

同其他事物一样，能源也有质量之别，能源的质量通常用温度或能量的密集度来表示，100℃以下的，是低品位能源，超过100℃的，叫高品位能源。

高品位能源用途十分广泛，既可以烧饭、煮水，又可以开发动机、炼钢等。而低品位能源却只能用来取暖、烘干等，用处有限。人类面临的能源危机，实质上是高品位能源的危机。低品位能源比比皆是，如太阳能可以把地晒到几十摄氏度，可它不能直接用来开车、炼钢等。可是，如果把太阳能转化为氢，既便只有 1/10 的转化率，其价值将完全不同，氢能可以完成很多太阳能完不成的工作。氢能可以把火箭送上天，而太阳能甚至不能直接煮熟一锅饭。

把低品位的能源转化为高品位的能源是划算的。

第二个被忽略的问题，即是能的贮存问题。我们曾感叹过大自然中雷电、飞瀑、洪水、阳光等具有巨大的能量，要是能利用起来该有多么好！然而，它们有一个共性，即"抓不住，关不牢"，所以被称为"过程性能源"，如果能将其贮存起来，在需要时放出，它们就不会白白流走了。

电也很难贮存，在用电高峰，供不应求，而高峰过后，又徒然浪费，要是能够把多余的电能贮存起来利用显然意义非比寻常。

解决能量贮存的好办法就是把上述种种形式的能量，转化为氢能。氢是一种实体，可以贮存，可以运输，使用方便。所以，考虑到能量品位和贮存问题，发展氢能的意义是无与伦比的。

氢可以制成液体，也可以制成气体，很容易用管道或油罐运输，运输成本只及输电费用的 1/10。氢具有广泛的用途，无论是家庭还是工业，都可以使用氢燃料，炊事、加热都十分适宜，而且它不像目前使用的燃料会产生有毒物质。

氢可以做成燃料电池使用。在燃料电池中，氢同空气中的氧相结合生成水而产生电流，因而完全没有排放废气的问题。这种电流可以驱动车辆。也许未来世界中汽车都是用氢而不是用汽油驱动的。燃料电池既然可以用氢来产生电力，因而也可以用氢来储存电力。

液氢是飞机的理想燃料。飞机需要使用重量轻、能量大的燃料。因为单位质量液氢所含的能量为喷气发动机燃料的 2.5 倍，因此用氢作燃料可以增加飞机的航程。

综合看来，让水像油燃烧起来，以获得高效无污染的能量必然有着一个光辉灿烂的明天。

锋利无比的水刀

听说过水还能做刀吗？水刀就是将普通的水加压，使其从口径只有 0.2

毫米的喷嘴中，以每秒800～1 000米的速度喷出来的水射流，该水射流具有极大的能量，可以切割硬软质材料，若在水中加入细沙，加沙水射流能量剧增，能切割任何硬质材料。

在北京举行的第五届国际机床展览会上，展出了由南京大地水射流公司研制的国产水刀——超高压数控万能水切割机。它以其神奇的切割性能引起轰动。它能切割40毫米厚的钢板、50毫米厚的大理石板，以及花岗石、玻璃、塑料、橡胶等各种软硬材料。

水具有巨大能量

我们知道，任何材料能够承受的压强都有一定的限度，超过这个限度材料就会被压坏。一般说来，切割的过程就是用切割工具对材料产生超过它所能承受的最大压强，使它发生局部破坏的过程。就拿切菜刀来说，菜刀做得背厚而刀刃薄，实际上是个双面劈。持刀的手稍加一些压力，锋利的刀刃就会对菜、肉等切物产生很大压强而将它们切开。水切割机喷出的水射流具有质量，而且有很高的喷射速度，从而具有很大的动能。当它垂直射到固定的待切割材料的表面上时，这动能瞬间就会对材料产生很大的反作用冲力，造成巨大的压强。以喷射速度为每秒1 000米计算，所产生的压强约达1亿帕。由于钢、铁、硬橡胶等材料所能承受的压强都小于1亿帕，当然就可以被割开了。如果喷射的是加沙水射流，则因沙的密度是水的2～3倍，加沙水射流具有更大的动能，从而能比同速水射流产生更大的压强，切割这些材料更是没有任何问题。

水切割机问世已经几十年了，这种冷切割技术以其能使被切开物不变

形、切缝窄、切面光滑以及工作效率高、低噪声、无污染等诸多优点,在国外已经广泛应用于汽车、船舶、飞机等制造业,以及食品、纺织、建材、装饰、医疗等行业。超高压数控万能水切割机的研制成功,标志着我国在这方面的发展将上升到一个新的水平。

■图与文

超高压水切割机可以对任何材料进行任意曲线的一次性切割加工。切割时不产生热量和有害物质,切割后不需要或易于二次加工,安全、环保,成本低、速度快、效率高,方便灵活、用途广泛。

　　超高压水射流清洗技术是近年来在国际上发展起来的一门高科技技术,简单来说,该技术主要是以水为介质,通过柴油机组或电机组驱动大流量增压器,将水加压,再通过呈圆周排列的多个宝石喷嘴喷射而出,喷嘴由油压或者气压驱动旋转,形成多束、多角度、强度各异的超高压旋转水射流。对需要清洁的表面、设备内结垢和附着物以及堵塞物进行超高压清洗工作。该系统一般由柴油机组作为动力源,只需要提供水源即可运行,因此机动性能较强,可以很容易地实现车载或制成超高压清洗车。不管什么结垢沉积物,超高压水射流清洗技术都能使这些问题迎刃而解,将污垢彻底清除,留下清洁、光滑的表面。

第五章
空气流动的能量
——风能

风能指地球表面大量空气流动所产生的动能。风能来自于太阳能,是太阳能的转化。正是因为这样,风能也是取之不尽用之不竭的,属于可再生能源。在到达地球的太阳辐射能中,约有20%被地球大气层所吸收,其中只有很小的一部分被转化为风能,但即使这样,风能所蕴含的能量也是非常巨大的。目前,人类对风能的利用还刚刚起步,对风能的利用率还很低,随着认识的深入和科学水平的提高,对风能的利用也必将进一步加大。

风拥有巨大能量

风是一种常见的自然现象。由于空气的流动产生了风。文学作品对风多有描述。唐朝诗人杜甫有名诗句:"八月秋高风怒号,卷我屋上三重茅",足见风的威力。

很显然,风能是一种清洁而又廉价的能源。

风能是从何而来的呢?一句话,风能来自太阳能!

太阳辐射到地球上的能量,虽然基本上是恒定的,但是经过大气层之后,情况却大不相同了。由于地球是个球体,所以表面各点接受太阳光线的角度就各不相同,再加上天空晴朗还是多云,云层是厚还是薄,地上是平原还是山地,是丘陵还是高山深谷,这一切都使得地面上接受太阳能的强度大有差异。这样一来,地表各处的气温各不相同了,而气温不同,必然影响气压,空气却总是要从气压高的地方,向气压低的地方流动,这样就产生了风。所以风也是太阳能的一种转换方式。

狂风来袭

风是有大小的,人们为了区分风的大小,把风力分为13级,最小的风是零级,最大的风是12级。12级以上统称为飓风。风力大小的标准是按风的速度计算的。风速越大,风力也越大。由于风和人类的生活有着密切的关系,所以在天气预报中,风力的大

小和方向是每天必报的。

每当我们收听到台风预报信息时,就很自然地联想起由它带来的狂风暴雨、巨浪、潮涌等恐怖情景。台风是发生在太平洋西部海洋和南海海上的一种极强烈的风暴,风力常达10级以上。有人统计过,在全世界范围内,一次台风使5 000人以上死亡的事例至少有20次,其中死亡10万人以上的就有10次之多。

还有看起来更为恐怖的龙卷风。1988年它被正式定名为龙卷。在科学尚不发达的古代,人们见到这种漏斗云从云底下垂,时伸时缩,有时伸到地面,毁坏树木和建筑物,认为这是龙尾

■图与文

空气绕龙卷风的轴快速旋转,受龙卷中心气压极度减小的吸引,近地面几十米厚的一薄层空气内,气流被从四面八方吸入涡旋的底部,并随即变为绕轴心向上的涡流。

下扫,证明天上确有活龙存在。现在我们知道龙卷是一种中心气压极低的涡旋,直径只有几米至几十米,可是风速往往大到每秒100多米,有时甚至比声音的传播速度还快,从发生到消失只有几分钟,但它的破坏作用有时比地震还大。它能将几百吨的整节大车厢卷入空中,将上千吨的轮船由海面抛到岸上。

任何事物都有两面性,固然风给人类带来了巨大的生命财产损失,但如果换个角度来看,这不也说明了风蕴含着巨大的能量,如若这种巨大的能量被人类合理有效利用,那也必将给人类带来莫大的好处。

实际上,把风能作为动力在水陆上使用有着悠久的历史。据考证,古埃及人是最早利用风助航的国家之一,时间大约在5 000多年前,也许聪明的古埃及人发现借帆行船比使桨要容易得多,也快得多。

以后,人们造出了既带帆又带长桨的船。无风的时候,水手们就划桨。当风向同航向一致时就张开帆。再后来,水手们又学会了调整帆的方向,

83

使船借助风力向他们希望的方向行驶。

船在海上航行，仅靠橹、桨是不能远航的，这一点我国古人早就明白。我国很早就能建造大型远洋的帆船。在 1 600 年前，我国著名僧人法显到印度、锡兰等地留学讲道，所乘的帆船能载 200 多人和许多货物。公元 1405—1433 年间，明成祖朱棣曾派遣太监郑和 7 次下西洋。

图与文

郑和下西洋，其船队船舶技术之先进，航程之长，影响之巨，船只吨位之大，航海人员之众，组织配备之严密，航海技术之先进，在当时的世界上，都是独占鳌头的。

所乘的宝船，就是当时我国建造的在世界领先的大型远洋帆船。最大的宝船长近 150 米，宽约 60 米，可载千人。船上安装在高高桅杆上的巨帆多达 12 张，以便更多地利用风力。郑和下西洋航程数万里，最远到达非洲东部的索马里和肯尼亚，经过 30 多个国家，促进了与这些国家的友好往来，是我国和世界航海史上的伟大壮举。

意大利航海家哥伦布曾经驾驶帆船横渡大西洋，于公元 1492 年，发现了美洲新大陆；1497 年，伽马率领葡萄牙船队绕过好望角发现通往印度的航路；1519—1522 年，麦哲伦率领西班牙船队完成了环球航行，他们的船队都是由帆船组成的。

从 19 世纪中叶起，由于蒸汽机、内燃机和汽轮机等动力驱动的船舶相继出现，并具有航速快，受自然条件影响小等优点，远洋商用帆船逐渐被淘汰，只有小型帆船仍被用来作为在一些国家河流上行驶的货船、渔船。

20 世纪 70 年代以来，随着轮船对海洋的污染日益严重，石油资源日渐紧张，人们重又重视起靠风力来推进的帆船不用燃料、没有污染的优点。日本、英国、美国、挪威等国积极研究和试制新型近海和远洋帆船。

1980 年在伦敦召开了关于货船及帆船发展前景的国际讨论会，来自各

个国家的专家，交流了对今后帆船发展的设想和已经取得的成果。

日本建成了大型现代化帆船，这是一艘运送原油的油船，叫做"新爱德丸"号。船上设有双轨硬帆，面积有200平方米。硬帆就是在传统的帆上安装了金属骨架。按照测得的风向和风速，由一台微型计算机操纵帆具的张开和收拢，并把帆转到最适当的方向。船上还装有内燃机推动装置。但是，只要风向、风速合适时，就把发动机停掉，让风来帮助船航行，这样，既可以节约许多燃料，又可减少内燃机使用燃料对环境造成的污染。

海陆空风力发电

自古至今，风能的利用方式多种多样。但无论何种目的，首先都是将风能转换成机械能。完成这种转变的是风力发动机，它的作用，犹如水轮机把水能转变成机械能，汽轮机把蒸汽能转变成机械能一样。

风力发动机把风能转变成机械能后，主要还是用来驱动发电机，这已成为世界各国不约而同的研究方向。

风是如何推动物体转动的呢？大家小时候可能都玩过纸风轮。当手中拿着纸风轮迎风奔跑时，风轮就呼啦啦地转动起来。风力发动机的风轮与纸风轮的转动原理相似，风轮叶片具有比较合理的形状。

风力发动机主要由以下5部分组成：

（1）风轮。风轮是由一个或多个叶片组成，安装在机头上，是把风能转变成机械能的主要部件。

（2）机头。机头是支撑风轮轴和上部构件（如发电机和齿轮变速器等）的支座，它能保证塔架中的垂直轴自由转动。

（3）机尾。机尾装于机头之后，它的作用是保证在风向变化时，使风轮正对风向。

（4）回转体。回转体位于机头底盘和塔架之间，在机尾力矩的作用下转动,是一般风力发电机不可少的部件。

(5)塔架。塔架是支撑风力发动机本体的构架,它把风力发动机设在不受周围障碍物(如树木、房屋、山丘等)影响的高空中。

由于风速有随高度增加而增大的特性,在理论上,塔架建得愈高愈好,但太高,投资大,安装、运行、检修都不方便,所以搭架的高度须综合考虑当地风能资源、负荷、材料来源等,经过分析比较确定。但塔架的最低高度应使风轮叶片在转动中不触及地面。

■图与文

荷兰的风车最早从德国引进。开始时,风车仅用于磨粉之类。后来,荷兰人对风车进行了改革。首先是给风车配上活动的顶篷。此外,为了能四面迎风,他们又把风车的顶篷安装在滚轮上。这种风车,被称为荷兰式风车。

风力发动机是多种工作机械的原动机。利用它带动水泵和水车,就是风力提水机;带动碾米机,就是风力碾磨机;带动榨油机和切草机,称为风力榨油机和风力切草机;带动发电机的,叫风力发电机或风力电站。

风力发电机有多种形式,具有结构简单、搬运方便的优点,但功率不大,一般从几瓦到几千瓦,可以用作农村有线广播、照明和小规模生产用电。

风力电站的容量一般在10千瓦以上,以交流电的形式输出,可以传输到较远的地方,可以与柴油发电机、小水电站、小火力发电站并列运行。

风能是永不枯竭的,而且地球上风能大大地超过水能,也大于固体燃料和液体燃料能量的总和。最为有利的是,风能利用简单,尤其在缺乏水力资源、燃料和交通不便的沿海岛屿、山区和高原地带,具有很高的风速,风能有着很好的发展前景。

从技术和经济合理性出发,风能主要适于下述3类地区利用:①大电网暂时无法伸过去的地区;②缺乏水力资源和燃料的地区,交通不方便的地区;③风力资源丰富的地区。

风能利用中最大的不利在于风速不稳定，所以蓄能问题是一个关键。

对小型的风力电站，通常的办法是用蓄电池，但这只适合于负荷较小、电压较低的情况。

图与文

近代风车主要用于发电，由丹麦人在 19 世纪末开始应用，20 世纪经过不断改进趋于成熟。风力发电的原理，是利用风力带动风车叶片旋转，再透过增速机将旋转的速度提升，来促使发电机发电。

正在研究和发展的一种蓄能方式，是在风力强而负荷小的时候，将剩余电流接入电解池内电解水，生成氢和氧储存起来。等风力不足时，再以氢做燃料，使内燃机驱动发电机工作。

对于山区和地下水丰富的地区，采用抽水蓄能是比较合适的，它是利用风车群把水从低处送到高处，再利用水轮机发电。

随着风力发电的发展，陆地上的风机总数已经趋于饱和，海上风力发电场将成为未来发展的重点。

海上有丰富的风能资源和广阔平坦的区域，使得近海风力发电技术成为近来研究和应用的热点。多兆瓦级风力发电机组在近海风力发电场的商业化运行是国内外风能利用的新趋势。

海上风力发电站不是简单地把陆上风力发电机搬到海上就成了，而是要根据海上的特点，进行专门的设计。

那么如何才能让风力发电机在波涛汹涌的大海上成功发电呢？

英国工程师制成一个能在海上悬浮的壳体。这个用混凝土制成的空心壳体浮力很大，把风力发电机固定在上面，放在海中是不会下沉的。然后用聚酯制成的耐海水腐蚀的结实的绳索，把悬浮的壳体牢牢地系在许多锚上。这样，即使在破坏力极大的台风中，风力发电机也能任凭风吹浪打，稳稳当当地发出电来。发出的电力可以用海底电缆送到岸上。这台小型海上风力发电机已在船模试验池里,模拟海上条件进行实验时获得成功。

可以设想一下,一座座风电场将出现在蔚蓝色的大海上。耸立在海上的风力发电机的大风轮,将迎着强劲的海风转个不停,源源不断地把大量的电力奉献给人类。目前这种梦想正逐渐变为现实。

图与文

海上风能发电面临的问题主要是成本问题。海底电缆的使用和风机基础的构建使海上风能开发投资巨大。然而,风机基础技术以及兆瓦级风机的新研究至少使水深在15米的浅水风场和陆地风场可以一争高下。

由于在有风时把多余的电储存起来,到无风或风力不足时再用,得增加设备,多花成本。而且,电能储存也是有一定限度的。迫不得已,人们另想办法,一些科学家把找到更理想的风能作为解决这一问题的方向。他们发现,在距地面10~20千米高的空中,有一个空气对流层。这里的风速达到每秒25~30米,相当于地面上10级狂风,而且总是刮个不停。于是科学家们有了一个想法:能不能用"天上"的风来发电呢?俄罗斯科学家想出一个大胆的高招儿,那就是把风力发电机送上天。

如何能够实现把风力发电机送上天的大胆设想呢?科学家设计了一个可行的方案,准备用宠大的装有氢气的气球(氢气很轻又不易燃烧和爆炸),载着重约30 000千克的风力发电机组,一起升到对流层中。气球与风力发电机的连接,使用的是超强度的缆索。然后,再用这种结实的缆索,一头系住氢气球,另一头固定在地面上。

风力发电机被送到空气对流层中,在稳定而强劲的风中将发出大量电力,源源不断地通过导线传送到地面上来。

把风力发电机送上天理论上虽然具有可操作性,但实际施行起来仍有很大的难度,到目前为止,仍有一些重要的技术问题没有得到有效解决,看来这个设想的实现还有待时日。

"重新起航"的帆船

大约在5 000多年前,古埃及人在独木舟上竖起桅杆,扬起用棕叶或芦苇编成的帆,让风来助航。人们觉得借帆行船比使桨要容易得多,也快得多。

以后,人们造出了既带帆又带长桨的船。无风的时候,水手们就划桨。当风向同航向一致时就张开帆。后来,水手们又学会了调整帆的方向,使船借助风力向他们希望的方向行驶。

船在海上航行,仅靠橹、桨是不能远航的。我国很早就能建造大型远洋的帆船。在1600年前,中国著名僧人法显到印度、锡兰等地留学讲道,所乘的帆船能载200多人和许多货物。

公元1405—1433年间,我国明朝的皇帝曾派遣太监郑和7次下西洋。所乘的宝船,就是当时我国建造的技术上在世界领先的大型远洋帆船。最大的宝船长近150米,宽约60米,可载千人。船上安装在高高桅杆上的巨帆多达12张,以便更多地利用风力。郑和下西洋航程数万里,最远到达非洲东部的索马里和肯尼亚,经过30多个国家,促进了与这些国家的友好往来,是我国和世界航海史上的伟大壮举。

意大利航海家哥伦布曾经驾驶帆船横渡大西洋,于公元1492年,发现了美洲新大陆;1497年,伽马率领葡萄牙船队绕过好望角发现通往印度的航路;1519-1522年,麦哲伦率领西班牙船队完成了环球航行,他们的船队都是由帆船组成的。

从19世纪中叶起,由于蒸汽机、内燃机和汽轮机等动力驱动的船舶相继出现,并具有航速快,受自然条件影响小等优点,远洋商用帆船逐渐被淘汰,只有小型帆船仍被用来作为在一些国家河流上行驶的货船、渔船。

20世纪70年代以来,随着轮船对海洋的污染日益严重,石油资源日渐紧张,人们重又重视起靠风力来推进的帆船不用燃料、没有污染的优点。

现代帆船

日本、英国、美国、挪威等国积极研究和试制新型近海和远洋帆船。

1980年在伦敦召开了关于货船及帆船发展前景的国际讨论会，来自各个国家的专家，交流了对今后帆船发展的设想和已经取得的成果。

日本建成了大型现代化帆船，这是一艘运送原油的油船，叫做"新爱德丸"号。船上设有双轨硬帆，面积有200平方米。硬帆就是在传统的帆上安装了金属骨架。按照测得的风向和风速，由一台微型计算机操纵帆具的张开和收拢，并把帆转到最适当的方向。船上还装有内燃机推动装置。但是，只要风向、风速合适时，就把发动机停掉，让风来帮助船航行，这样，既可以节约许多燃料，又可减少内燃机使用燃料对环境造成的污染。

第六章

原子巨变的能量
——核能

核能也称原子能,是通过转化其质量从原子核释放的能量。虽然原子核的体积很小,但在一定条件下它却能释放出惊人的能量。如果1 000克铀原子核全部裂变释放出的能量,约等于2 700吨标准煤燃烧时所放出的化学能。如果把地球上蕴藏的数量可观的铀、钍等核裂变资源成功裂变,释放出来的能量可满足人类上千年的能源需求。而把藏在汪洋大海里的氘聚变,释放出的能量可满足人类百亿年的能源需求。

核裂变产生巨大能量

原子是化学反应的最小微粒。原子的直径只有一亿分之一厘米左右。如果把原子比拟为乒乓球，那么，实际的乒乓球比地球还要大。

原子由原子核和电子构成。电子围绕着原子核运动。原子核处于原子的中心，控制着周围的电子。原子核比原子更小，只及原子的十万分之一。如果把原子比作学校的运动场，那么，原子核只相当于运动场正中央的一颗仁丹，其余则全部是空的。

■ 图与文

一个原子包含有一个致密的原子核及若干围绕在原子核周围带负电的电子。原子核由带正电的质子和电中性的中子组成。当质子数与电子数相同时，这个原子就是电中性的，否则，就是带有正电荷或者负电荷的离子。

原子核虽然微小，但它又是由两种更小的粒子构成的：一种叫质子，另一种叫中子。质子和中子搭配的数目不同，由此产生了多种多样的原子核。最小的"核家庭"，只有一个质子，这就是氢原子。比它大一号的是氦，它由两个质子和两个中子构成。铀核有92个质子和146个中子。

质子都带正电荷，同伴之间总是针锋相对，怎么也难以融洽相处。这就是所谓的"同性相斥"。那么，是谁使这些质子和睦相处呢？原来是中子。中子是个"大好人"，与谁都合得来，质子和中子之间具有相互吸引力，这就是核力。中子掺合在质子之间，靠着核力牢牢地将质子吸引在一起，于是，它们便统一在一个"家庭"之中。

电子尽管质量很小，只有质子质量的 1/1840，却带有和质子等量的负

能量

电荷。而且，原子内电子数目正好和质子数目相等，使正负抵消。这样，作为一个整体，原子是一个和睦的家庭。随着核"家庭"的规模的扩大，"好斗"的质子越来越多，这需要越来多的中子来"调解"，如较大的家庭铀，质子是92个，却有146个中子。可是，在大的原子核中，尽管有许多中子力图调解，原子核内部的稳定性依然很差。大于第83号元素铋的原子核，没有一个是稳定的。最常见的现象是，两个质子和两个中子成对搭配，"情投意合、结伴私奔"。而这"四人小组"正好就是氦的原子核，是剥去了电子的原子核。人们把这种集团叫做α粒子。α粒子络绎不绝地放出来，便形成α射线。

一个原子核放出α粒子之后，质子数目减少了两个，从而变成一个新的原子核现象叫α衰变。像铀和镭，在自然界能够自然进行衰变，叫做自发衰变。

大约在20世纪70年代，人类开始了原子核的人工衰变的研究。1920年，英国科学家卢瑟福发现，用α粒子轰击氮原子时，氮原子核会变成氧的原子核。他的学生科克罗夫特发现，用质子轰击较轻的原子核时，该靶便发生碎裂，变成新的原子核。例如，先把质子加速到很高的能量，然后打入锂原子核，锂核便碎裂为两块，变成两个氦原子核，这就是人类第一次实现的原子核的人工衰变。

加速器可以把质子或α粒子加速，但是，对于任何强大的加速器，射出的质子在进入大的原子核时，会遇到强有力的正电排斥，质子被弹回来，根本不可能接近靶。

1932年，波兰科学家约里奥·居里发现了一种穿透力很强的射线，即中子流。年轻的罗马科学家恩利科·费米深受启发，为什么不能用中子做进入原子核的炮弹呢？中子是个"厚脸皮的家伙"，是个中性的东西，不管是带正电的还是带负电子的核，它都能泰然自若地插进去。

本来就不太平的核家庭，一旦被中子进入，就被搅得不得安宁，有的放出α粒子，有的放出β粒子，有的放出中子。最容易被破坏的家庭便是铀。铀可以称得上是重量级的"家庭"了，但这一家中也"有胖有瘦"。"胖子""铀238"奇胖无比,在家庭成员中占99.3%,剩下的0.7%便是瘦子"铀235"。胖子和瘦子都有92个质子,但瘦子只有143个中子,而胖子有146个中子。这"两兄弟"的性格却有天壤之别,"铀238"心宽体胖",而"铀235""性格暴躁",一触即发。一旦中子进入铀235的核内,它就会暴跳如雷,以致自暴自弃,立即破碎,变成两个原子核,与此同时,还放出中子和热量,这种过程叫做核裂变。

核家庭越大,需要做调解人的中子就越多,铀235这个大个子分裂为两个小原子核时,必然会有多余的中子被赶出来。据计算,每次核裂变能够放出2～3个中子。铀核裂变生成的两块碎片具有很大的动能,这些动能在周围的介质中立即转变为热能。这就是铀235发生核裂变产生的核能。

■图与文

核裂变是在1938年发现的,核裂变被首先用于制造威力巨大的原子武器——原子弹。原子弹是利用核反应的光热辐射、冲击波和感生放射性造成杀伤和破坏作用,以及造成大面积放射性污染,阻止对方军事行动以达到战略目的的大杀伤力武器。

核裂变中产生的中子,不断放出β或γ射线。也就是说,核裂变的产物具有放射性。如果放出ρ射线,那么这原子的种类便发生了变化,这种变化叫放射性衰变。这些放出的射线最终也以热能的形式被消耗掉。

每一次核裂变能产生多少热量呢?约为1×10^{-11}卡,你会说这太少了。可是,1立方厘米的铀235中有5×10^{22}个铀原子,如果全部发生核裂变,它所产生的热量,足以使5 000吨水沸腾。按科学家的计算,核裂变在1 000兆瓦的功率下运行一天,连边长为4厘米的一块正方体铀块也用不完。铀家族中大部分是铀238,它很"迟钝',即使被中子打中,也不发生核裂变。但是,如果它"吞吃"

能量

了一个中子，就会放出 β 射线，转瞬间铀238转变成第93号元素镎。镎又继续放出 β 射线，从而变成第94号元素钚。钚239和铀235是同样的"脾气"，一旦被中子击中，就猛然发热，铀235和钚239都被称为可裂变物。

从上面的论述中，可知，打开核大门的钥匙是中子。中子刚出生速度很快，约为光速的1/10，在穿过原子核堆中，不断被碰撞，变成速度很慢的中子，这种中子叫热中子。铀235"吃"了中子以后才能进行核裂变，可是铀235很"挑食"，只"吃"热中子。铀238却不一样，在中子速度还是热中子速度的15倍时，就开始大量"吞食"中子。一旦中子速度大于或小于这个速度，铀238这种"疯狂的食欲"会一下子收敛起来。为此，需要将让中子慢下来，变成热中子，好让铀235"吃"了以后放出热量。还有为了避免铀238"白吃"中子，想办法让中子快速慢化。

让中子慢下来的材料叫减速剂。用什么作慢化剂呢？必须尽可能采用轻原子核作减速剂。试想一下台球桌上的情景，一个快速运动的台球，碰到大东西会快速弹回，台球本身一点也不减速，如果碰到另一个台球，它自己就会停下来。所以，减速剂的原子核越轻，减速作用就越强。理想的减速剂是重水，重水是由氘和氧组成的一种水，氘原子不仅特别轻，而且不"贪吃"中子。轻水中的氢原子，有点"贪吃"中子，所以慢化效果不如重水。除此以外，石墨也是一种常见的减速剂。

堆芯是原子核反应堆的"心脏"，先把核燃料铀装入金属或石墨制成的包壳内，然后装入堆芯。于是，铀燃料就在堆芯中发生核裂变，产生巨大的能量，并以热能的

■ 图与文

核反应堆可以分为以下几种类型：①将中子束用于实验或利用中子束的核反应堆。②生产放射性同位素的核反应堆。③生产核裂变物质的核反应堆。④提供取暖、海水淡化、化工等用的热量的核反应堆。⑤为发电而发生热量的核反应。⑥用于推进船舶、飞机、火箭等的核反应堆。

形式通过冷却剂传送到堆外。这就是核反应堆的大致工作的原理。

前景无限美好的核能发电

原子核内蕴藏着巨大的能量,就现在的技术来看,要想使原子核内蕴藏的巨大能量释放出来,主要有两种方法:

第一种是将较重的原子核打碎,使其分裂成两半,同时释放出大量的能量,这种核反应叫核裂变反应,所释放的能量叫做裂变核能。现在各国所建造的核电站,就是采用这种核裂变反应的;用于军事上的原子弹爆炸,也是核裂变反应产生的结果。

第二种方法是把两种较轻的原子核聚合成一个较重的原子核,同时释放出大量的能量,这种核反应叫核聚变反应,所释放出的能量被称为聚变核能。氢弹爆炸属于核聚变反应。不过它是在极短的一瞬间完成的,人们无法控制。近年来,受控核聚变反应的研究已经使核能控制显露出希望的曙光。

现代核电站外观

核能的成就虽然首先被应用于军事目的,但其后就实现了核能的和平利用,其中最重要也是最主要的是通过核电站来发电。经过多年的发展,核电已是世界公认的经济实惠、安全可靠的能源。

核电站是利用原子核裂变反应放出的核能来发电的装置,通过核反应

堆实现核能与热能的转换。核反应堆的种类，按引起裂变的中子能量分为热中子反应堆和快中子反应堆。由于热中子更容易引起铀235的裂变，因此热中子反应堆比较容易控制，大量运行的就是这种热中子反应堆。这种反应堆需用慢化剂，通过它的原子核与快中子弹性碰撞，将快中子慢化成热中子。

核电与其他能源相比，也是最安全的能源之一。有人将核能与煤、石油、天然气、风、太阳能等能源单位输出能量造成的总危险性进行了比较，发现天然气发电的危险性最低，其次是核电站，第三位是海洋温差发电。其他大多数能源都有较大的危险性，其中煤和石油的危险性约为天然气的400倍。

一些新能量如风能、太阳能等之所以危险性较大，是因为它们的单位能量输出需要大量的材料和劳动。风能和太阳能是发散性的能，很微弱，要积聚大量的能量就需要相当大的收集系统和储存系统。根据计算表明，天然气发电需要的材料最少，建造的时间也最短；风能发电需要的材料最多，而太阳能电站需要建造的时间最长。由于需要大量的材料和很长的建造时间，就意味着要进行开采、运输、加工和建造等大量的工业活动。而每种工业活动都有一定的危险性，将所有的危险性加起来，其总危险性自然就相当大了。

综合上述可以看出，与人们的直观感觉正相反，太阳能、风能和常规能源中的煤、石油等的总危险性都是很高的，而许多人担心的核电站的总危险性却低得多。因此，使用核电站是非常安全的，这已为多年的使用实践所证明。

由于核电技术日趋成熟和它具有突出的优点，加上世界能源供应的紧张形势，使核电得到越来越迅速的发展。意大利国家电力公司决定，今后几十年内新建电站全部或绝大部分是核电站。一些第三世界国家如印度、阿根廷、巴基斯坦和巴西等国同样对核电很重视，已建成了自己的核电站，其他发展中国家也在加紧筹建核电站。

然而，在这大力发展核电站热潮的背后，却有不少人对核电站的发展担心，特别是1979年3月美国三里岛核电站和1986年4月前苏联切尔诺贝利核电站发生事故以来，已经引起世界各国的关注，人们担心这个"核老虎"会伤人。

■ 图与文

切尔诺贝利核电站是前苏联最大的核电站，共有4台机组。1986年4月26日，切尔诺贝利核电站发生大火，导致大量的放射性物质泄漏，污染了欧洲的大部分地区。

其实，核能是种安全、清洁的新能源。从第一座核电站建成以来，全世界已投入运行的核电站400多座，多年来基本上是安全正常的。核电站对环境的污染也比火电站小得多。火电站在工作时，它"肚子"里存不住东西，不断向大气里排放大量的二氧化硫和一氧化氮等有害物质，而且煤里的少量铀、钍和镭等放射性物质也会随着烟尘飘落到火电站的周围，污染环境，影响人们健康。核电站就不同了，它"肚子"里的"脏"东西由于设置了层层屏障而被严严实实地包在里面，基本上不排放污染环境的物质，就是放射性污染也比烧煤电站少得多。据统计，一座100万千瓦的烧煤电站通过烟囱排放的放射物质剂量比核电站大3倍左右。实际上，核电站正常运行时，一年给居民带来的放射性影响，还不到一次X射线透视所受的剂量，所以不会对人体造成损害。

为了防止核反应堆里的放射性物质泄漏出来，人们给核电站设置了4道屏障：一是对核燃料芯块进行处理，拔掉它的"核牙齿"。现在的核反应堆都采用耐高温、耐腐蚀的二氧化铀陶瓷型核燃料芯块，并经烧结、磨光后，能保留住98%以上的放射性物质不泄漏出去；二是用锆合金制作包壳管。将二氧化铀陶瓷型芯块装进管内，叠垒起来，就成了燃料棒。这种用锆合金或不锈钢制成的包壳管，能保证在长期使用中不使放射性裂变物质逸出，而且一旦管壳破损能够及时发现，以便采取必要的措施；三是将燃料棒封闭在严密的压力容器中。这样，即使堆芯中有1%的核燃料元件

发生破坏，放射性物质也不会泄漏出来；四是把压力容器放在安全壳厂房内。通常，核电站的厂房均采用双层壳件结构，对放射性物质有很强的防护作用。万一放射性物质从堆内泄漏出去，有这道屏障阻挡，就会使人体免受伤害。

事实证明，核电站的这些屏障是十分可靠和有效的，即使像美国三里岛核电站那样大的事故，也没有对环境和居民造成危害。

综合上述可以看出，与人们的直观感觉正相反，太阳能、风能和常规能源中的煤、石油等的总危险性都是很高的，而许多人担心的核电站的总危险性却低得多。因此，使用核电站是非常安全的，这已为多年的使用实践所证明。

从1954年前苏联建成世界上第一座核电站以来，人类和平利用核能的历史仅仅50多年，然而，核能的发展却异常迅速。特别是近些年来，它以极大的优势异军突起，成绩卓著，已成为世界能源舞台上一个引人注目的角色。

核能资源广泛分布在世界的陆地和海洋中。储藏在陆地上的铀矿资源，约有990万～2 410万吨，其中最多的是北美洲，其次是非州和大洋洲。海洋中的核能资源比陆地上要丰富得多。拿核聚变的重要燃料铀来说，虽然每1 000

图与文

大亚湾核电站于1994年建成投产，是我国建成的第一座大型商用核电站。它装配两套90万千瓦的压水堆发电机组，年发电量为120多亿千瓦时。这个核电站是以当今世界上先进的法国格拉福林核电站为参照体建设起来的。

吨海水中才有3克铀，然而海洋里铀的总储量却大得惊人，总共达40多亿吨，比陆地上已知的铀储量大数千倍。

此外，海洋中还有更为丰富的核聚变所用的燃料——重水。如果将这些能源开发出来，那么即使全世界的能量消耗比现在增加100倍，也可保证供应人类使用10亿年左右。因此科学家提出了在海上或海底建设核电站的设想。

在海上建造核电站，有其独特的优点。

其一，核电站的造价要比陆地上的造价低，这一点很吸引人，因为在同样的投资条件下可以建造更多的海上核电站。

其二，在选择核电站站址时，不像陆地上那样要考虑地震、地质等条件，以及是否在居民稠密区等各种情况的影响，因而选择的余地大。

其三，海上的工作条件几乎到处都一样。不存在陆地上那种"因地而异"的种种问题。这样，就可以使整个核电站像加工产品一样，按标准化要求以流水线作业方式进行制造，从而简化了生产过程，便于生产和使用，可大大降低制造成本，缩短建造周期。

人们已对这种优点突出的海上核电站发生了浓厚的兴趣，特别是像英国、日本、新西兰等岛国，陆地面积小，适宜建造核电站的地方少，但海岸线却很长，就可以充分利用这一优势，大力发展海上核电站。

■图与文

海上核电站所用的反应堆性能可靠，曾在核潜艇以及破冰船上使用过，其中最小的一种也价值2 000万美元。

这种反应堆每12年才需更换一次核燃料，使用寿命为50年，符合国际原子能机构核不扩散条约的要求。

海底核电站是人们随着海洋石油开采不断向深海海底发展而提出的一项大胆设想。实际上，20世纪70年代初期，独特新颖的海底核电站的蓝图已经绘制出来。此后，世界上不少国家都在积极地进行研究和实验，提出了各种设计方案。

在勘探和开采深海海底的石油和天然气时，需要陆地上的发电站向海洋采油平台远距离供电。为此，就要通过很长的海底电缆将电输送出去。

这不仅技术上要求很高，而且要花费大量的资金。如果在采油平台的海底附近建造海底核电站，就可轻而易举地将富足的电力送往采油平台，而且还可以为其他远洋作业设施提供廉价的电源。

海底核电站在原理上和陆地上的核电站基本相同，都是利用核燃料在裂变过程中产生的热量将冷却的水加热，使它变成高压蒸汽，再去推动汽轮发电机组发电。但是，海底核电站的工作条件要比陆地上的核电站苛刻得多。

法国海底核电站假想图

首先，海底核电站的所有零部件要能承受几百米深的海水所施加的巨大压力；二是要求所有设备密封性好，达到滴水不漏的程度；三是各种设备和零部件都要具有较好的耐海水腐蚀的性能。因此，海底核电站所用的反应堆都是安装在耐压的堆舱里，汽轮发电机则密封在耐压舱内，而堆舱和耐压舱都固定在一个大的平台上。

为了安装方便，海底核电站可在海面上进行安装。安装完工后，将整个核电站和固定平台一起沉入海底，坐落在预先铺好的海底地基上。当核电站在海底连续运行数年以后，像潜水艇一样可将它浮出海面，以便由海轮拖到附近海滨基地进行检修和更换堆料。人们预计，随着海洋资源特别是海底石油和天然气的开发，将进一步促进海底核电站的研究与进展。在不久的将来，这种建造在海底的特殊核电站就会正式问世。

在人们已经在陆地上建造了几百座核电站，又计划在海上和海底建核电站后，科学家又提出一个新设想，那就是将核反应堆搬上太空，建立太空核电站。

早在1965年，美国就发射了一颗装有核反应堆的人造卫星。1978年1

月，前苏联军用卫星"宇宙254"号也装有核反应堆。

将核反应堆装在卫星上，主要因它重量轻、性能可靠，而且使用寿命长、成本较低。

在人造卫星上通常都装有各种电子设备，包括电子计算机、自动控制装置、通信联络机构、电视摄像机和发送系统等，需要大量使用可靠的电能。对于用来探测火星、木星等星体的星际飞行器，配备的电子设备就更多更复杂，而且来回航程要几年到十几年，在此期间，还要与地球保持不断的联系。因此，这种太空飞行器上所用的电源，要求容量更大，性能更加可靠。

起初，人们在卫星和太空飞行器上使用燃料电池，这种电池虽然工作稳定可靠，能提供所需要的电能，但它的成本高，使用寿命较短，不能满足长期使用的需用。后来，人们又采用太阳能电站作为卫星和太空飞行器的电源，然而，当卫星运行到地球背面或具有漫长黑夜的月球上，或者向远离太阳的其他行星飞行过程中，太阳能电池就根本无法工作。此外，即使在有阳光的条件下使用太阳能电池，当需要提供大容量的电能时，仅电池的集光板就大到上千平方米，这在太空飞行中显然是难以做到的。人们最后终于找到了比较理想的卫星和太空飞行器用的电源——空间核反应堆。

■图与文

核电池又叫"放射性同位素电池"，是通过半导体换能器将同位素在衰变过程中不断地放出具有热能的射线的热能转变为电能而制成的。核电池已成功地用作航天器的电源、心脏起搏器电源和一些特殊军事用途。

在采用核反应堆作为太空飞行器电源之前，还广泛使用了核电池。直到现在，一些太空飞行器还广泛采用这种核电源。核电池的使用寿命一般可达5～10年以上，电容量可达几十至上百瓦。然而，它的电

容量与太空核反应堆比起来就显得微不足道了。太空核反应堆的电容量可达几百瓦至几千瓦,甚至可高达百万瓦。这样,对于要求电源容量越来越大的一些太空飞行器来说,就理所当然地选用核反应堆作为电源了。太空核反应堆在工作原理上与陆地上的基本一样,只是前者由于在太空飞行中使用,要求反应堆体积小,轻便实用。

实际上,太空核反应堆不仅可用作太空飞行器和卫星的主要电源,而且还是未来用于考察和开采月球矿藏的理想电源。

核能的发展之所以如此迅速,主要是因为它有着显著的优越性:

其一,它的能量非常巨大,而且非常集中,这一点在前面已经有所论述。

其二,运输方便,地区适应性强。有人曾将核电站与火电站作了个形象的比较:一座20万千瓦的火电站,一天要烧掉3 000吨煤,这些燃料需要用100辆铁路货车来运输;而发电能力相同的核电站,一天仅用1千克铀就行了。这么一点铀燃料只有3个火柴盒那么大,运输起来自然就省力多了,而且可以建在电力消耗大的地方,以减少输电损失和运输费用。

其三,储量丰富,用之不尽。陆地和海洋的核原料储备足以供人类利用亿年之久。另外,近10多年来,人们已经成功地研制出能充分利用铀燃料的核反应堆,这就是被称为"明天核电站锅炉"的快中子增殖核反应堆。这种核反应堆能使核燃料增殖,也就是说,核燃料在这种"锅炉"里越烧越多。如果能大量使用快中子增殖核反应堆,不仅能使铀资源的有效利用率增大数十倍,而且也将使铀资源本身扩大几百倍。因此,包括我国在内的世界各国,今后将着重发展这种先进的核反应堆以便充分地利用核燃料、提高核电站的经济性。

1991年,欧洲联合核聚变实验室首次成功地实现了受控核聚变反应,使人类在核聚变研究方面取得了重大突破,为今后利用储量极为丰富的重水建造核聚变电站打下了初步的基础。

还有,科研人员在激光核聚变、核电池、太空核电站和海底核电站等方面的研究和试验也都取得了一定的成果,这无疑会有助于提高核能发电的技能,人类利用核能的前景一片光明。

核电池个小能量大

核电池是人类目前核能利用的另一个主要方面,它是伴随着人类航天航空事业的发展应运而生的。随着人类迈向宇宙的脚步越来越大,对航天器上各类元器件的技术要求也越来越高,如对航天器上应用的电源就有着特殊的要求。要求中很重要的一点就是要求航天器电源微小化,要小而轻,此外,还必须要性能可靠,万无一失;寿命要长,成本要尽量低。

氢－氧燃料电池是目前宇宙载人航行所用的能源之一,它除了能提供需要的能源外,还能得到副产品水,供宇航员饮用。但是,燃料电池的自重偏大,使用寿命相对较短。另外,航天器上采用的另一重要电源是太阳能电池,太阳能电池工艺成熟、性能可靠、寿命也长。但是,太阳能电池离不开阳光,一旦航天器飞到星球的背光面,或者进入像金星那样不透明的大气里,或在向远离太阳的其他星球飞行中,太阳能电池就"英雄无用武之地"了。此外,太阳能电池功率不易做大,如果需要提供100千瓦功率,其集光板面积就需要1 000平方米,这在航天器上是很难做到的。

应运而生的核电池正好弥补了燃料电池和太阳能电池的不足之处。

■ 图与文

一般核电池在外形上与普通干电池相似,呈圆柱形。在圆柱的中心密封有放射性同位素源,其外面是热离子转换器或热电偶式的换能器。换能器的外层为防辐射的屏蔽层,最外面一层是金属筒外壳。

核电池也叫"放射性同位素温差发电器",是把放射性燃料的核能转变成电能的装置。它用钚238、锶90、钴60等放射性同位素做热源。在同位素中,有的能够发生衰变,有的同位素

在衰变过程中，不断地放出具有热能的射线，被叫做放射性同位素。人们通过半导体换能器将这些射线的热量转变为电能，制成了核电池。

核电池有许多优点。首先，由于放射性元素衰变时释放出的能量的多少及释放速度不受外界环境因素如温度、压力、电磁场等的影响，因此核电池具有其他电池无法相比的抗干扰性强、工作准确可靠的优点。特别是由于放射性同位素衰变时间很长，决定了核电池可以长期使用，甚至可能达到5 000年。另外，核电池不像太阳能电池那样必须依赖阳光，也不怕海水腐蚀，在航天、潜海等许多领域得到应用。

核电池可分为高电压型和低电压型两种类型。高电压型核电池以含有β射线源（锶90或氚）的物质制成发射极，周围用涂有薄碳层的镍制成收集电极，中间是真空或固体介质。以氚为放射源的试验电池，直径为9.5毫米，长度为13.5毫米，电压500伏时电流为160皮安，12年衰降50%（若用锶90，25年衰降50%）。低电压型核电池又分为温差电堆型、气体电离型和荧光—光电型3种结构。温差电堆型的原理同以放射性同位素为热源的温差发电器相同，故又称同位素温差发电器。气体电离型核电池是利用放射源使两种不同逸出功的电极材料间的气体电离，再由两极收集载流子而获得电能。这种电池有较高的功率。荧光—光电型核电池利用放射性同位素衰变时产生的射线激发荧光材料发光，再使用光电转换板（太阳能电池板）将荧光转化为电力。不足之处是这种电池效率较低。

第一个核电池是在1959年由美国科学家制成的，此后核电池的研究发展很快。1961年，它为一颗美国发射的人造地球卫星"探险者1号"提供了能源。在20世纪70年代初期国外相继发射的几个木星探测器上，都装有高性能核电池。后来发射的火星探测器上也装有这类核电池。美国发射的两艘"旅行者号"飞船用的正是寿命比任何电池都长的核电池。

"好奇"号火星车为美国第四个火星探测器，是第一辆采用核动力驱动的火星车。"好奇"号火星车于2011年11月26日发射升空。"好奇"号重量超过900千克，约是2004年登陆火星的"勇气"号和"机遇"号重量的5倍，其着陆过程将首次使用一种被称作"天空起重机"的辅助设备助降。由于难度高、风险大,美国航天局称之为"恐怖7分钟"。"好奇"号的动力由一台多任务放射性同位素热电发生器提供,这台多任务放射性同位素热电发生器本质上是一块核电池。该系统主要包括两个组成部分:一个装填钚238二氧化物的热源和一组固体热电偶,可以将钚238产生的热能转化为电力。这一系统设计使用寿命为14年,也高于太阳能电池板。该系统足以为"好奇"号同时运转的诸多仪器提供充足能量。

■ 图与文

"好奇"号带上火星的设备是迄今为止送往火星的最为专业和先进的仪器。它"头"上的两个眼睛是两部相机,其中一部照相机能够跨越7个足球场的距离分辨出对面放的是篮球还是足球。另外一部照相机在"好奇"号抵达一个新地点的时候,能够用25分钟拍摄150张照片,然后合成一幅全景照片。

计划中的随"嫦娥三号"登月的我国首辆月球车,也将装载核动力装置。这将使我国成为继美俄之后,第三个将核动力应用于太空探测的国家。

除了应用在航天航空外,核电池还应用于大海的深处。在深海里,太阳能电池派不上用场,其他如燃料电池和化学电池的使用寿命又太短。用核电池作海底潜艇导航信标的电源,能保证航标每隔几秒闪光一次,几十年可以不换电池。用它作海底电缆中继站的电源,五六千米深海处的巨大压力也无碍它的工作,而且能安全可靠地长期工作。

更有意义的是,自1970年4月起,全世界已有成千上万人使用了带核电池的心脏起搏器。使用的微型核电池以钽铂合金做外壳,内装150毫克钚238作燃料,整个电池的重量只有160克,可以在人体内可靠地连续工作10年以上。

相信,随着人类对核技术掌握程度的进一步加深,核电池的制作技术

会更加完善，其应用领域会更加广泛。

能量大爆炸——核聚变

在利用核能方面，人类对核裂变能的应用较为成熟，而且在未来的能源结构中，核裂变放出的电将占更大的比例。但是，出于对核裂变存在的种种担心（主要是关于核裂变产生的放射性），科学家把目光投向了元素周期表的另一端。即发现原子核不仅是可以分裂的，而且发现原子核也是可以聚合的，简单说，就是核聚变。

地球上几乎所有的能源都源自太阳。可太阳的能源是什么呢？天文学家发现构成太阳的主要元素是氢。每个氢原子核是由一个质子组成，4个氢原子核能组成由两个质子和两个中子构成的氦原子核，并释放出大量的能量。由几个小原子核合成一个大原子核的过程称为核聚变。

核聚变放出的能量比核裂变大得多，而产生的放射性只是核裂变的百万分之一。1千克氘在聚变过程中放出来的能量相当于燃烧2万吨煤。

已经发现有很多元素可以作为聚变反应堆的燃料。最重要的是氢的两个重同位素：氘和氚。氘一般出现在重水中，它在海水中占1/6500，分离出来是相当容易的。所以，较之核裂变，聚变的原

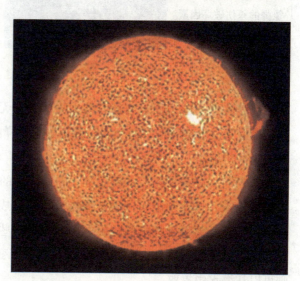

太阳的能量来自它中心的热核聚变

料几乎是取之不尽的。

聚变反应堆的燃料是气态的，需要极高的温度。之所以如此，是因为原子核都带有相同的电荷，彼此之间相互排斥，只有当原子核的动能非常大时，它们才能接近而发生聚变。在 5×10^7 到 2×10^8 K 这样的温度下，原子中的轨道电子被剥夺，于是气体离子化——分别成为带正电的粒子和带负电的粒子，这种状态的气体称之为等离子体。

图与文

氢弹又称聚变弹、热核弹、热核武器，是利用原子弹爆炸的能量点燃氢的同位素氘等轻原子核的聚变反应，瞬时释放出巨大能量的核武器。氢弹的杀伤破坏因素与原子弹相同，但威力比原子弹大得多。

聚变反应除需要高温外，还要有一定的粒子密度。科学家必须想办法把等离子体装到一个容器中去。等离子体是带电的，装它的容器不是我们常见的玻璃容器或钢容器，而是一种看不见的容器，是一个用磁力线包容起来的容器。这样，高速运动的等离子体只能在这个磁力线包容的容器中飞动，却无论如何逃逸不出去，这种磁场最好是设计成环形，即轮胎状，前苏联把这样的特殊容器叫"托卡马克"，美国叫"仿星器"。

进行氘—氚聚变反应的反应堆，它所产生的能量有 80% 都通过快速中子释放出来。这些中子可以用来加热液态锂做成的套壳，锂再加热水产生蒸汽，最终就能够推动蒸汽轮机发出电来。这些中子还会使一些锂核发生裂变而生成氚核，这可以分离出来供作基本的聚变反应的燃料。所需要的氘，则可以从海水中提取。

有人提出一种新的制取方式，即不用磁力约束方法，而是通过使用大功率激光来获得。将氘－氚燃料丸注入到一个球室或反应室中，当燃料到

达反应室中央时,密度非常高的激光束将燃料丸加热到聚变温度而立即产生聚变反应。能量以热能的形式储存在锂壳内,然后通过热交换器将热量抽出,用来产生供常规汽轮机所用的蒸汽。

尽管现在还没有出现从海水中提取氘原料的聚变发电厂,但科学家们已经设计出了方案,这种聚变发电站的运转费用只有使用矿物燃料的发电站的1/12,而危险性则大为降低,因此,就核聚变发电的利用价值来说是相当值得人类努力奋斗的,但其中有一些环节还缺乏科学理论和技术支撑,一句话,核聚变技术还不够成熟,尚需要作进一步的探索和研究。

第七章
声音的能量
——声能

声能是能量的一种表现形式，其实质是物体振动后，通过传播媒介并以波的形式发生的机械能的转移和转化，反过来，其他能量的转移和转化也可以还原成机械能而产生声音。

声波在媒介中传播时，媒介在声能的作用下会产生一系列效应，如力学效应、热学效应、化学效应和生物学效应等。利用声能的各种效应，可使声能很好地为人类服务。如利用声能的热效应可以进行供暖或进行热治疗。利用超声波的热效应和化学效应，可进行超声焊接、钻孔、固体的粉碎、除尘、清洗、灭菌等。利用次声波的超强穿透力可以预报海上风暴和火山地震。

超声波的"超声"能量

超声波是频率高于 20 000 赫兹的声波,它因其频率下限大约等于人的听觉上限而得名。它方向性好,穿透能力强,易于获得较集中的声能,在水中传播距离远,可用于测距、测速、清洗、焊接、碎石、杀菌消毒等。在医学、军事、工业、农业上有很多的应用。

声波

研究超声波的产生、传播、接收,以及各种超声效应和应用的声学分支叫超声学。产生超声波的装置有机械型超声发生器(例如气哨、汽笛和液哨等)、利用电磁感应和电磁作用原理制成的电动超声发生器,以及利用压电晶体的电致伸缩效应和铁磁物质的磁致伸缩效应制成的电声换能器等。

理论研究表明,在振幅相同的条件下,一个物体振动的能量与振动频率成正比,超声波在介质中传播时,介质质点振动的频率很高,因而能量很大。

超声波在清洗液中疏密相间地向前传播,对液体产生拉伸和挤压作用,使液体内产生数以万计的微小气泡。这些气泡迅速产生,又迅速闭合,形成的瞬间高压,超过大气压的 1 000 倍。连续不断的高压就像一连串小"爆炸",不断地冲击物件表面,使物件的表面及缝隙中的污垢迅速剥落,从

而达到物件表面净化的目的。超声波洗衣机就是根据这个原理工作的。另外，超声波功率强、能量大，作用于面部可以使皮肤细胞随之振动，产生微细的按摩作用，改变细胞容积，从而改善局部血液和淋巴

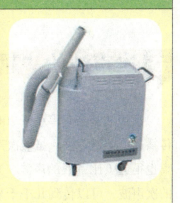

■图与文

在冬季，如果把超声波通入水罐中，剧烈的振动会使罐中的水破碎成许多小雾滴，再用小风扇把雾滴吹入室内，就可以增加室内空气湿度，超声波加湿器工作的原理就是如此。

液的循环，增强细胞的通透性，提高组织的新陈代谢和再生能力，软化组织，刺激神经系统及细胞功能，使皮肤富有光泽和弹性。通过超声波的温热作用，可以提高皮肤表面的温度，使血液循环加速，增加皮肤细胞的养分，使神经兴奋性降低，起到镇痛的作用，使痉挛的肌纤维松弛，起到解痉的作用。

超声波的波长比一般声波要短，具有较好的方向性，而且能透过不透明物质，这一特性已被广泛用于超声波探伤、测厚、测距、遥控和超声成像技术。

超声波能使大气中悬浮的粉尘颗粒的电荷发生改变。对空气中的尘粒播放超声波，能促使尘粒之间互相吸附聚集成较大的粒子而降至地面，从而达到降尘除尘的目的。美国科学家发现，高能量的声波可以促使尘粒相聚成一体，因重量增加而下沉，根据这一原理，他们研制出一种除尘警报器，可以用于烟囱除尘，控制高温、高压、高腐蚀环境中的尘粒和消除大气污染。

医学超声波检查的工作原理与声呐有一定的相似性，即将超声波发射到人体内，当它在体内遇到界面时会发生反射及折射，并且在人体组织中可能被吸收而衰减。因为人体各种组织的形态与结构是不相同的，因此其反射与折射以及吸收超声波的程度也就不同，医生们正是通过仪器所反映出的波型、曲线，或影像的特征来辨别它们。此外再结合解剖学知识、正常与病理的改变，便可诊断所检查的器官是否有病。

次声波的"超强"能量

次声波是指频率小于20Hz（赫兹）的声波。次声波的特点是来源广、传播远、穿透力强。虽然次声的声波频率很低，但是波长却很长，传播距离也很远（比一般的声波、光波和无线电波都要传得远），频率低于1Hz的次声波，可以传到几千千米以至上万千米以外的地方，次声波具有极强的穿透力，不仅可以穿透大气、海水、土壤，而且还能穿透坚固的钢筋水泥构成的建筑物，坦克、军舰、潜艇和飞机都挡不住它的侵入。地震或核爆炸所产生的次声波可将岸上的房屋摧毁。次声波如果和周围物体发生共振，能放出相当大的能量。如4～8Hz的次声能在人的腹腔里产生共振，可使心脏出现强烈共振而使肺壁受损。

次声波对人体有巨大伤害

次声波的来源很广，在自然界中，海上风暴、火山爆发、陨石落地、海啸、电闪雷鸣、波浪击岸、水中旋涡、空中湍流、龙卷风、磁暴、极光等都可能伴有次声波的发生。在人类活动中，诸如核爆炸、导弹飞行、火炮发射、轮船航行、汽车飞驰、高楼和大桥摇晃等在发声的同时也都能产生次声波。

有这样一个事例：

1932年冬天，前苏联的塔伊梅尔号探险船在北冰洋上航行时，船上的一位气象学家正要释放一只探空气象气球，无意间他的脸贴到气球壁上，

能 量

顿时耳朵感到一阵疼痛,他立即松开了手中的气球。凑巧,就在这天夜里,海面上发生了强烈的风暴。

这件事引起了科学家们的注意。研究发现每当海上风暴到来之前,气球里就会传出一种低频率的振动,使人的耳膜产生压迫的感觉,风暴越近,这种感觉也就愈明显。后来经过研究证实,气球传出的是一种频率小于16赫兹的次声波。

那么,这种次声是从哪儿来的?它同海上风暴又有什么关系呢?

原来这种次声是从海上远处的风暴中心传过来的。当远处发生风暴时,强大的气流同海浪摩擦,就会有次声产生出来。由于次声在空气中的传播速度跟可听声一样为每秒340米,而风暴中心的移动速度还不到每秒30米,因此次声就成了海上风暴的先行兵,早早把风暴到来的信息传到了远方。塔伊梅尔号船上的科学家是无意中通过气球内的气体同次声共振而接收到海上次声的。

一定强度的次声波会干扰人的神经系统正常功能,使人头晕、恶心、呕吐、丧失平衡感。住在十几层高的楼房里的人,遇到大风天气,往往感到头晕、恶心,这也是因为大风使高楼摇晃产生次声波,次声波再干扰人的神经系统的缘故。更强的次声波还能使人耳聋、昏迷、精神失常甚至死亡。

科学家根据次声波的能量传播方式和特点,扬长避短,使次声波服务于人类的生产生活实际,比如,人们利用一种叫"水母耳"的仪器,监测风暴发出的次声波,即可在风暴到来之前发出警报。利用类似方法,也可预报火山爆发、雷暴等自然灾害。通过测定人和其他生物的某

■图与文

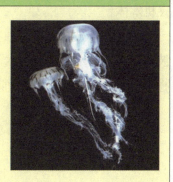

"水母耳"仪器可提前15小时左右预报风暴。将这种仪器安装在船的前甲板上,当它接收到8~13赫兹的次声波时,旋转自动停止,喇叭所指示的方向,就是风暴将要来临的方向。

科学 第一视野 | KEXUE DIYI SHIYE

水下蛙人

些器官发出的微弱次声的特性，可以了解人体或其他生物相应器官的活动情况，例如人们研制出的"次声波诊疗仪"可以检查人体器官工作是否正常。

由于高强度的次声波具有如此大的能量，一些国家竞相研究次声波武器。次声波武器实际上就是满足一定频率和功率要求的次声波发生器。由于次声波的传播速度快（在空气中的传播速度每秒高达340米，在水中的传播速度可高达1 600米），而且在传播过程中无声无息，还没有光亮，因此，作为武器不易被敌人发现，可使敌人在不知不觉中遭到袭击。其次，由于次声波在传播过程中不易被大气、水和地层等物质吸收，因此传播得很远。次声波还具有破坏性的效应，它可以穿透建筑物、掩体、坦克和潜艇，甚至使飞机解体。

由于次声波武器有着独特的杀伤本领和威力，所以有人设想使用次声波武器去攻击水下潜艇、水下蛙人，以保护港口和水下设施，还有人设想将小功率的次声波武器用于防爆等行动中。

第八章
磁产生的能量
——磁场能

磁场能是磁场本身具有的能量。磁场是一种特殊形态的物质，它可以脱离电流而存在。变化的电场也能产生磁场，这种变化电场产生的磁场也具有能量。在一般情形下，变化的电磁场以波的形式传播，传播过程中伴随着能量传递。磁场能也是我们生活中常见的一种能量形式。

磁场能与指南针

指南针是我国的四大发明之一,它是我国汉族劳动人民在长期的实践中对物体磁性认识的结果。由于生产劳动,人们接触了磁铁矿,发现了磁石吸引铁的性质,公元前7世纪成书的《管子·地数》中就记载:"上有磁石者,下有铜金"。意思说,如果山上有磁石时,山里就藏有铁矿。地理名著《山海经》中,也曾记载"题灌山中多磁石"。《水经注》里记载了秦国阿房宫前面,用磁石制成大门,防避有人进宫谋刺暗杀,如坏人暗披盔甲、暗藏兵器入宫,就会被门吸住而被发现,这说明人民很早就发现了磁石的吸铁性,并加以利用了。后来又发现了磁石有指南北的性质,人们根据这个性质,制成了最早的用天然磁体做成的指南针——司南。

图与文

司南是我国古代辨别方向的一种仪器。它用天然磁铁矿石琢成一个构形的物件,放在一个光滑的盘上,盘上刻着方位,利用磁铁指南的作用,可以辨别方向,是现在所用指南针的始祖。

指南针是磁铁做成的。每块磁铁两头都有不同的磁极,一头叫S极,另一头叫N极。人类居住的地球,也是一块天然的大磁体,在南北两头也有不同的磁极,靠近地球北极的是S极,靠近地球南极的是N极。地球的两个磁极向太空伸出数万千米形成地球磁场。地磁场包括基本磁场和变化磁场两个部分。基本磁场是地磁场的主要部分,起源于地球内部,比较稳定,属于静磁场部分。变化磁场包括地磁场的各种短期变化,主要起源于地球内部,相对

比较微弱。

　　磁铁的鲜明性质是：同性磁极相斥，异性磁极相吸引，所以，不管在地球表面的什么地方，拿一根可以自由转动的磁针（指南针），受地球磁场能量的作用，可以自由转动的磁针的N极总是指向北方，S极总是指向南方。

　　指南针一经发明很快就被应用到日常生活、生产、军事、地形测量等方面，特别是在航海上得到了广泛的普及和应用。

贴地疾驰的磁悬浮列车

　　早在1922年德国工程师赫尔曼·肯佩尔提出了电磁悬浮原理，并于1934年申请了磁悬浮列车的专利。1970年代以后，随着世界工业化国家经济实力的不断加强，为提高交通运输能力以适应其经济发展的需要，德国、日本等发达国家相继开始筹划进行磁悬浮运输系统的开发。

　　磁悬浮列车是一种靠磁悬浮力（即磁的吸力和排斥力）来推动的列车。由于其轨道的磁力使之悬浮在空中（悬浮在距离轨道约1厘米处），行走时不需接触地面，因此其阻力只有空气的阻力。磁悬浮列车的最高速度可以达每小时500千米以上。

　　磁悬浮列车利用"同名磁极相斥，异名磁极相吸"的原理，腾空行驶，创造了近乎"零高度"空间飞行的奇迹。

磁悬浮列车

科学 第一视野 | KEXUE DIYI SHIYE

由于磁铁有同性相斥和异性相吸两种形式，故磁悬浮列车也有两种相应的形式：一种是利用磁铁同性相斥原理而设计的电磁运行系统的磁悬浮列车，它利用车上超导体电磁铁形成的磁场与轨道上线圈形成的磁场之间所产生的相斥力，使车体悬浮运行的铁路；另一种则是利用磁铁异性相吸原理而设计的电动力运行系统的磁悬浮列车，它是在车体底部及两侧倒转向上的顶部安装磁铁，在 T 形导轨的上方和伸臂部分下方分别设反作用板和感应钢板，控制电磁铁的电流，使电磁铁和导轨间保持 10～15 毫米的间隙，并使导轨钢板的排斥力与车辆的重力平衡，从而使车体悬浮于车道的导轨面上运行。

通俗点讲就是，在位于轨道两侧的线圈里流动的交流电，能将线圈变为电磁体。由于它与列车上的超导电磁体的相互作用，就使列车开动起来。列车前进是因为列车头部的电磁体（N 极）被安装在靠前一点的轨道上的电磁体（S 极）所吸引，并且同时又被安装在轨道上稍后一点的电磁体（N 极）所排斥。当列车前进时，在线圈里流动的电流流向就反转过来了。其结果就是原来那个 S 极线圈，现在变为 N 极线圈了，反之亦然。这样，列车由于电磁极性的转换而得以持续向前奔驰。

世界第一条磁悬浮列车示范运营线——上海磁悬浮列车，建成后，从浦东龙阳路站到浦东国际机场，30 多千米只需 8 分钟。

图与文

上海磁悬浮列车专线西起上海轨道交通 2 号线的龙阳路站，东至上海浦东国际机场，专线全长 29.863 千米。上海磁悬浮列车是由中德两国合作开发的世界第一条磁悬浮商运线，2002 年 12 月 31 日全线试运行，2003 年 1 月 4 日正式开始商业运营。

2009 年 6 月 15 日，我国首列具有完全自主知识产权的实用型中低速磁悬浮列车，在中国北车唐山轨道客车有限公司下线后完成列车调试，开始进行线路运行试验，这标志着我国已经具备中低速磁悬浮列车

产业化的制造能力。中低速磁悬浮列车是一种新近发展起来的轨道交通装备，性能卓越，适用于大中城市市内、近距离城市间、旅游景区的交通连接，市场前景广阔。

与普通轮轨列车相比，中低速磁悬浮列车具有噪声低，振动小，线路敷设条件宽松、建造成本低，易于实施，易于维护等优点，而且由于其牵引力不受轮轨间的黏着系数影响，使其爬坡能力强，转弯半径小，是舒适、安全、快捷、环保的绿色轨道交通工具，在各种交通方式中具有独特的优势。

■ 图与文

这列具有完全自主知识产权的实用型中低速磁悬浮列车在原工程化样车的基础上做了大量实用化改进。整列车采用3辆编组方式，由2辆结构相同的端车和1辆中间车组成。

总的来说，磁悬浮列车具有高速、低噪声、环保、经济和舒适等特点。磁悬浮列车从北京运行到上海，大约4个小时，从杭州至上海只需20多分钟。在时速达200千米时，乘客几乎听不到声响。磁悬浮列车采用电力驱动，其发展不受燃油供应的限制，而且不排放有害气体。此外，磁悬浮列车的年运行维修费仅为总投资的1.2%，而轮轨列车高达4.4%。磁悬浮高速列车的运行和维修成本约是轮轨高速列车的1/4。还有，磁悬浮列车的票价也相对轮轨列车便宜。

发电新方式——磁流体发电

火力发电是目前各国发电的主要途径之一，但是，火力发电方式的热效率很低，最高只有 40%，其中不但浪费了大量的燃料，而且产生的废气、废渣污染环境。因此，高效率无污染的新发电方式成为了人们努力研究的方向。而磁流体发电经实践证明是一种可靠的新发电技术，这种方式可以将燃料热能直接变成电能。

20 世纪 50 年代末期，人们发现如果将高温、高速流动的气体通过一个很强的磁场时，就能产生电流。后来，在此基础上就发展成为一种发电新技术，这就是引人注目的"磁流体发电"。

那么，高温、高速流动的气体通过磁场时，为什么会产生电流呢？

原来，这些气体在高温下发生电离，出现了一些自由电子，就使它变成了能够导电的高温等离子气体。根据法拉第的电磁感应定律，当高温等离子气体以高速流过一个强磁场时，就切割了磁力线，于是就产生了感应电流。

所谓"电离"，就是气体原子外层的电子不再受核力的约束，成为可以自由移动的自由电子。普通气体在 7 000 ℃左右的高温下才能被电离成磁流体发电所需要的等离子体。如果在气体中加入少量容易电离的低电位碱金属（一般为钾、钠、铯的化合物，如碳化钾）蒸汽，在 3 000 ℃时气体的电离程度就可达到磁流体发电的要求。在这种情况下，就可采用抽气的方法，使电离的气体高速通过强磁场，即可产生直流电。加热气体所用的热源，可以是煤炭、石油或天然气燃烧所产生的热能，也可以是核反应堆提供的热能。

磁流体发电作为一项发电新技术，它比一般的火力发电具有的优越性主要表现在以下几个方面：

（1）综合效率高。磁流体的热效率可以从火力发电的 30% ~ 40% 提高到 50% ~ 60%，随着磁流体发电技术的进一步成熟，其热效率可能还会有所提高。

（2）启动快。在几秒钟的时间内，磁流体发电就能达到满功率运行，这是其他任何发电装置无法相比的，因此，磁流体发电不仅可作为大功率民用电源，而且还可以作为高峰负荷电源和特殊电源使用，如作为风洞试

验电源、激光武器的脉冲电源等。

（3）低污染。磁流体发电虽然也使用煤炭、石油等燃料，但由于它使用的是细煤粉，而且高温气体还掺杂着少量的钾、钠和铯的化合物等，容易和硫发生化学反应，生成硫化物，在发电后回收这些金属的同时也将硫回收了。从这一点来说，磁流体发电可以充分利用含硫较多的劣质煤。另外，由于磁流体发电的热效率高，因而排放的废热也少，产生的污染物自然就少多了。

（4）占用空间小。没有高速旋转的部件，噪声小，设备结构简单，体积和重量也大大减小。

由于磁流体发电时的温度高，所以可将磁流体发电与其他发电方式联合组成效率高的大型发电站，作为经常满载运行的基本负荷电站。例如，将与一般火力发电组成磁流体——蒸汽联合循环发电，即让从磁流体发电机排出的高温气体再进入余热锅炉生产蒸汽，去推动汽轮发电机发电，其热效率可达 50% ~ 60%。

汽轮发电机机房

第九章
地球内部的能量
——地热能

地热能是由地壳抽取的天然热能,这种能量来自地球内部的熔岩,并以热力形式存在,是引致火山爆发及地震的能量。

人类很早以前就开始利用地热能,例如利用温泉沐浴、医疗,利用地下热水取暖、建造农作物温室、水产养殖及烘干谷物等。其中,运用地热能最简单的方式就是直接取用这些热源,并利用其能量。

深埋地下的巨大能量

地球是一个天然的能源库，蕴藏着巨大的能量。火山喷发、地震和其他地壳变动都是地球内部能量的释放过程，它偶尔一"露峥嵘"。

地球这个能量的"实体"，今天不易发觉，可是，若把时间推回到50亿年前，情况则大不相同。那时地球刚刚在太阳系中形成，是一团灼热的火球，只是后来逐渐冷却，在表面结成了一层坚实的石质地壳，这才把这团熊熊烈火，严严实实地包裹起来，最后变成今天这个样子。在地球中心，却依然温度极高，在继续烧着，并不断向四周散发着热量。这就是地热，被人们喻为沉睡在地下的能量巨人。

地球的结构就像一只鸡蛋，地壳就像硬的蛋壳，地幔好像流动的蛋清，而地核则像坚实的蛋黄。地壳的厚度从几千米到70千米不等，地幔大部分是熔融状态的岩浆，厚度约2 900千米。地球内部的地核可分为外地核和内地核。地球每一层的温度是不同的。在地壳的恒温带以下，地温随深度的增加而升高。各地的地热增温率有差别，大部分地区在常温层以下的地热增温率为（2℃～3℃）/百米。据推断，至地壳底部和地幔上部地温度约为1 100℃～1 300℃，地核约为2 000℃～5 000℃。

据估算，如果按照当今世界动力消耗的速度完全只消耗地下热能，那么即使使用4 100万年后，地球的温度也只降低1℃。

由此可见，地球内部蕴藏着难以想象的巨大能量。据估计，仅地壳最外层10千米范围内，就拥有1 254亿亿亿焦热量，相当于全世界现产煤炭总发热量的2 000倍。如果计算地热能的总量，则相当于煤炭总储量的1.7亿倍。有人估计，地热资源要比水力发电的潜力大100倍。可供利用的地热能即使按1%计算，仅地下3千米以内可开发的热能，就相当于2.9万亿吨煤的能量。这是多么惊人的数字啊！

地球深层为什么储存着如此多的热能呢？它们是从哪里来的？大多数学者认为，这是由于地球内部放射性物质自然发生蜕变的结果。在核反应的过程中，放出了大量的热能，再加上处于封闭、隔断的地层

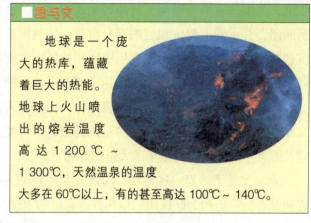

■ 图与文

地球是一个庞大的热库，蕴藏着巨大的热能。地球上火山喷出的熔岩温度高达1 200 ℃ ~ 1 300℃，天然温泉的温度大多在60℃以上，有的甚至高达100℃ ~ 140℃。

中，天长日久，经过逐渐的积聚，就形成了现在的地热能。值得指出的是，地热资源是一种可再生的能源，只要不超过地热资源的开发强度，它是能够补充而再生的。

通常，人们将地热资源分为4类：

第一类是水热资源。这是储存在地下蓄水层的大量地热资源，包括地热蒸汽和地热水。地热蒸汽容易开发利用，但储量很少，仅占已探明的地热资源总量的0.5%。而地热水的储量较大，约占已探明的地热资源的10%，其温度范围从接近室温到高达390℃。

第二类是地压资源。这是处于地层深处沉积岩中的含有甲烷的高盐分热水。由于上部的岩石覆盖层把热能封闭起来，使热水的压力超过水的静压力，温度约在150℃ ~ 260℃，其储量约是已探明的地热资源总量的20%。

地压资源更深处温度可达260℃，它除了是一种热能资源外，同时还是一种水能资源。此外，地压型热水中还溶解有较多的甲烷，少量的乙烷和丙烷等烷烃气体。

地压型热水的固溶物总量不高，最低时小于1 000毫克/升，因此可以用作饮用水。地压型地热资源的成因是：在滨海盆地的一套退覆地层中，当上覆的粗粒沉积砂的质量超过下伏泥质沉积层的承重能力时，砂体逐渐

下沉，产生一系列与海岸平行的增生式断层，沉砂体被周围的泥质沉积层所圈闭，并承受上覆沉积层的部分负荷。虽然覆盖层的负荷总是趋于压出沉砂体中的隙间水，但由于四周圈闭层的透水性能很差，砂粒和隙间水的可压缩程度又很低，因而地压型热水积蓄了较大的水力能。它的热来源于正常地热梯度热源。水是热的不良导体，比热容大，作为圈闭层的黏土层又是良好的隔热体，它阻挡了热量的外流，因而使沉砂体中的隙间水在长达几百万年的长时间内储集了大量的热能。

第三类是干热岩。这是地层深处温度为150℃～650℃左右的热岩层，它所储存的热能约为已探明的地热资源总量的30%。

干热岩主要被用来提取其内部的热量，因此其主要的工业指标是岩体内部的温度。开发干热岩资源的原理是从地表往干热岩中打一眼井（注入井），封闭井孔后向井中高压注入温度较低的水，产生了非常高的压力。在岩体致密无裂隙的情况下，高压水会使岩体大致垂直最小地应力的方向产生许多裂缝。若岩体中本来就有少量天然水，这些高压水使之扩充成更大的裂缝。当然，这些裂缝的方向要受地应力系统的影响。随着低温水的不断注入，裂缝不断增加、扩大，并相互连通，最终形成一个大致呈面状的人工干热岩热储构造。在距注入井合理的位置处钻几口井并贯通人工热储构造，这些井用来回收高温水、汽，称之为生产井。注入的水沿着裂隙运动并与周边的岩石发生热交换，产生了温度高达200℃～300℃的高温高压水或水汽混合物。从贯通人工热储构造的生产井中提取高温蒸汽，用于地热发电和综合利用。

干热岩的蒸汽

能 量

第四类是熔岩。这是埋藏部位最深的一种完全熔化的热熔岩，其温度高达650℃~1 200℃。熔岩储藏的热能比其他几种都多，约占已探明地热资源总量的40%左右。涌出地表的岩浆其温度约为700℃~1 200℃，黏滞度从10万倍于水到几乎不能流动的程度。

地热能的多领域利用

如果光凭岩层来传热，我们很难利用这份热，虽然岩浆的温度高达数千摄氏度。作为可以利用的地热资源，还得具备把热携带出来的条件，那就是水。水是很好的载热体，地下水流经岩浆团，会被加热，变成高温高压的水。如果这种水流到岩层断裂缺损处，或正好碰上人们钻的井孔，它就急遽地化作蒸汽喷出。从地下喷出的高压蒸汽，有时气柱可以达到几十米高，喷出时轰然作响，声震遐迩，连绵不绝，蔚为壮观。高温喷气，往往以水蒸汽为主，很少水滴，称为"干气"。温度越低，喷气中所含水滴越多。人们称之为"湿气"。要是温度在沸点以下，地下水流出地面，就形成温泉。温泉和气井一样，是另一种形式的地热资源。

地热资源的分布和火山、地震带一致。火山多、地震频繁的地区，地热资源也比较丰富。世界上最大的地热区是美国阿拉斯拉的"万烟谷"，在24平方千米的范围内，密布着几万个天然喷气气井。

▪ 图与文

羊八井位于西藏拉萨市西北91.8千米的当雄县境内。热田地势平坦，海拔4 300米，南北两侧的山峰均在海拔5 500~6 000米以上。羊八井地热非常丰富，地热显示种类多样，规模宏大。

科学 第一视野 | KEXUE DIYI SHIYE

我国西藏、云南、四川、祁连山和河西走廊，都有地热资源，云南腾冲地区，高温地热带达到了 15 万平方千米。

长期以来，人类一直在利用着地热资源。古代的罗马人和现代的冰岛人、日本人、土耳其人以及其他民族早就用地热水洗澡和采暖。在新西兰的毛利族也开发了天然热水来满足他们的生活需要。在新西兰可以看到利用地热的情景，在北岛罗鲁瓦附近的一个毛利人村庄里，可以看到这样一幅有趣的画面：渔民把捉住的鳟鱼放在沸水塘烹调，几米以外，他的妻子在给婴儿进行地热浴，他的女儿在从事家庭洗涮，同时在蒸汽孔上蒸煮马铃薯。

地热的利用方式很多，或直接利用，或用来发电。

地热发电，主要是利用高温蒸汽和热水来发电。"地下锅炉"已经烧好了热水与蒸汽，人们应该做的，是把热能转化为电能。

最早利用地热发电的是意大利。早在 1904 年，意大利托斯卡纳的拉德瑞罗第一次用地热驱动 0.75 马力的小发电机投入运转，并供 5 个 100 瓦的电灯照明。随后第一座 500 千瓦的小型地热电站诞生了，后来逐年扩大。

地热发电通常有 3 种方式：蒸汽直接发电、闪蒸式发电和低温工质发电。200℃以上的高温干蒸汽，适于直接发电。水蒸汽经过分离器，除去固体杂质以后，直接通入汽轮机，以之带动发电机发电。这种电站成本低，建造费是一般大电站的 40%，而运行费则比水电还便宜一半，而且，不产生环境污染。

大部分地热井所喷出的，都是在 150℃～200℃ 的湿蒸汽，它们在地下加热还不够充分，温度不够高，所以一经喷出，一部分蒸汽会凝结成水滴。为此在它们进入汽轮机之前，先经过一次减压蒸发，叫"闪蒸"，以便夹在蒸汽中的水滴，也都化为蒸汽，然后再进入汽轮机发电。由于经过了一次"闪蒸"，这一方式叫"闪蒸式发电"。

至于低温工质发电，则是利用正丁烷、异丁烷、氟利昂等低沸点工作质作为热传介质，以进行发电。这种方式适用于低温地热温蒸汽和高温地热水的供热条件下。

地热发电中最大的缺点是受地理条件的限制，也就是说，只有在具有地热资源的地区才能实现。此外，地热发电还往往会遇到地热气，地热气中含硫物质和其他杂质，这些成分对管道、设备会产生腐蚀、沉积等不良影响。

除了地热发电外，还应注意地热资源的综合利用。早期，人们利用地热矿泉水治病，我国的藏族人民对此有很多研究。热水浴疗对在高原气候条件下的常见病和多发病，如风湿性或类风湿性疾病、瘫痪、哮喘、肠胃病等都有一定的疗效。

利用地热取暖在许多国家都已很普遍，最负盛名的是冰岛首都雷克雅未克的区域供热系统。其他国家如美国、前苏联、新西兰、日本、匈牙利和法国等，也广泛利用地热取暖，在这些国家，很多办公楼、商店、旅馆，乃至私人住宅，都有自己专用的地热蒸汽井。

> **图与文**
>
>
>
> 古人就知晓利用温泉浸浴治疗疾病，目前仍被沿用。用温泉浸浴，如方法得当，对一些疾病，特别是对颈椎病的治疗能取得一定的效果，会使机体产生极其复杂的生物物理学变化，从而达到调节机体功能，使全身各系统功能均趋向正常化。

利用地热建立温室对农业生产有很大的意义。1974年，在海拔4 000米的西藏谢通门县卡嘎热泉区建成了青藏高原上第一座地热温室，温室内终年郁郁葱葱，生机盎然，盛产西红柿、黄瓜、辣椒等新鲜蔬菜，并在温室内栽培西瓜获得成功。在冰岛、前苏联的高寒地区，恶劣的气候条件使得正常的耕作难以维持，但利用地热温室，可以栽培蔬菜和鲜花。

地热还用于一些大量用热的工业部门，如新西兰用地热造纸；冰岛用地热回收和加工硅藻土；意大利早在18世纪就建立了利用地热生产硼砂的工厂。

地热资源储存有不同形式,在火山地区和深层的高温岩层中,滚烫的干热岩里既没有水,也没有蒸气,怎样才能把它们的热量取出来呢?要知道,1立方千米干热岩里所储存的能量,相当于一个产油1亿桶的大油田。可以想象,如果能把这些能量开采出来,那将会给人类带来多么大的便利。

人造热泉

美国科学家首先想出了好办法,而且进行了多次实验,那就是开凿人造热泉。

在探明地下有干热岩的地方,用特制的钻具往岩层深处打孔,一直钻到高温岩体中。有时孔要打到6 000米深,有时孔钻到2 000～3 000米就够了。这时就用水泵向孔里压入冷水,让水直达高温岩体,使热岩体遇冷裂开,水则在岩体裂缝中被加热。然后从打好的另一个孔中把热水抽出来。得到的热水被抽出后,立即形成高压蒸气。利用这些蒸气推动汽轮发电机就可以发出电来。

美国曾建造了一座人造热泉发电厂,其发电能力为5万千瓦。另外,美国还钻了两眼深达4 389米的地热井,先把水泵入井内热岩层上,12小时后再抽上来,这时水温高达了75℃。

日本在山形县最上郡大藏村实验场,通过管道每小时向深2 200米、270℃温度的地下岩体注入高压水60吨,使岩体产生裂缝,每小时可获得9吨蒸气、27吨热水。连续1个月从岩体引出180℃蒸气,驱动汽轮发电机发电。

现在,日本、德国、法国、英国等都在加紧开发干热岩发电技术。虽

然还都处在实验阶段，但前途光明，沉睡在地下的能量将被唤醒而为人类造福。

地热能虽然有着诸多的优点和广泛的应用领域，但也有着不足之处。

一种不足之处是会产生噪声。明代著名地理学家徐霞客考察云南腾冲的地热资源后，有这样的记载：沸泉的水"从下沸腾，作滚通之状"，"沸泡大如弹丸，百枚齐跃而有声"，其声"喷若发机，声如虎吼……"从环境角度看，地热开发是会产生噪声的，而且，当蒸汽发电时，汽轮机运转也有很大的声响，也会产生噪声。

■ 图与文

在云南腾冲境内约有温泉群80余处，其中有14个温泉群的水温达90℃以上，其面积之广、泉眼之多，为世所罕见。

热海中最典型的是"大滚锅"，它的直径3米多，水深1.5米，水温达97℃。

另一种地热导致的污染是热污染。地热发电后的废热水，排入环境后，会对环境产生不利的影响，如排入水中，会使水中含氧量减低，黏度增高，这样，就会对各种水生动植物产生影响，破坏原来的生态环境。如果排出的废热水中还含有其他的有毒物质如二氧化碳、碳化氢、氨等，污染会更为严重。

当然，这些污染是可以治理的，并不会影响到地热利用的大规模展开。迄今为止，人类利用的地热还是很少的，这和地热资源惊人的储量是极不相配的。可以展望，地热会更多更好地为人类服务，到那时，地震、火山活动将不再可怕，它们会像一个大油田一样，为人类控制，并得到充分的利用。

把火山能量引出来

■ 图与文

火山喷发是一种奇特的地质现象，也是地球内部热能在地表的一种最强烈的显示，同时，还是岩浆等喷出物在短时间内从火山口向地表的释放。

从某种角度看，火山爆发也是地热能一"露峥嵘"的具体表现，只不过这种表现有些过于猛烈和无情。但火山爆发也绝不仅仅是百无一用。例如，火山爆发可以把地下大量矿物质带到地表。在美国，有人到科罗拉多州淘金，有人到内华达州采银，有人到亚利桑那州觅铜。他们之所以能在那些地方采掘到贵重金属，不能不感激火山爆发的馈赠，因为是火山将埋藏在地下深处的贵金属带上了地表。

像这样的例子绝不仅仅是个案，南极附近的埃里伯斯火山爆发时给这个白色大陆铺了厚厚一层用显微镜才能看到的纯金微粒。南非和西伯利亚地区的火山空洞已成为在高压高温下的岩浆里形成的金刚石的矿床。还有，我国的长白山天池，日本的富士山，还有美国的夏威夷群岛，都是曾发生过火山喷发的地方，然而现在

火山灰土壤

这些地方风景秀丽,游人如织。"魔鬼的烟囱"被打扮成了美丽的山庄,迎接着南来北往的游人到那里观光、休憩。

古巴具有"世界糖罐"之称,它盛产甘蔗。中美洲的厄瓜多尔和东南亚的菲律宾又盛产大个的香蕉,这些国家的经济作物,都得益于极其肥沃的天然土壤——火山灰土壤。火山灰里具有多种有益的肥料成分,会给作物生长提供源源不断的廉价肥料。将来,也许"火山肥料"将永远是主要肥料,人们甚至可以在火山频发地区建立"火山肥料工厂",把价廉物美的火山肥料运往世界各地,促进其他地区的作物生长。

然而,火山赐给人们的,除了肥沃的火山灰外,还有更为惊人的巨大的能量。在利用火山能量方面,冰岛人是很有办法的,他们常用"盖住火山口"的方法来取得能量。如果把将要喷发的火山比作在炉子上即将燃烧的一口盛油的铁锅,那么,防止油着火的最好办法是用盖子把锅盖住。

聪明的冰岛人想出了一个"釜底抽薪"的绝招,就好比在油锅中的油将要燃烧这一刹那,立即熄灭炉膛里的火,这样即使不用盖子,油也烧不起来了。具体办法是,在即将要喷发的火山口上,打上几口斜井,让积聚的能量分别从斜井中释放出来,于是灾难消除了,释放出来的能量还可用来发电,

■ 图与文

自1975年冰岛大规模使用地热资源后,石油等能源进口大大减少,二氧化碳等温室气体排放量提前几十年就已达到了国际标准。冰岛现在已成为世界上最干净的国家之一。首都雷克雅未克的地热电厂为冰岛人提供热水和电力。

造福民众。冰岛人终于"盖"住了火山。火山也从根本上失去了猛烈喷发的可能,因为它借以喷发的能量已被一点一滴、一丝一缕地放逸出去了。

冰岛非常寒冷,人们用火山中释放出来的热量给居室送去暖气,甚至用火山的能量去做饭、烧水、沐浴,这岂不是一举两得吗?在冰岛,人们

常常看到这样一种奇观：大大小小、形状各异的输能管从火山口附近的斜井里引出，曲曲折折地送往千家万户，人们在四季如春的气温下舒适地生活，各种花卉四季吐艳，散发着迷人的芬香……威胁着冰岛人生存的火山竟然戏剧性地摇身一变，成了冰岛人的"能源宝库"。世界各国人民都戏称冰岛人是"玩火的冰岛人"。

就在冰岛人用"釜底抽薪"的方法来利用火山能量的同时，有人却想到了"引流"火山熔岩的绝妙方法。他们想，既然能将"薪"从"釜底"抽出，何不干脆直接将熔岩从地底引出，供人类利用呢？因此，1983年，在意大利西西里岛的埃特纳火山喷发口不远处，发生了惊心动魄的一幕：几道亮光划破天空，紧接着响起了"轰轰轰"三声巨响，浓烟消散之后，只见一股火山熔岩，像刚出炉的钢水，缓慢地从一个缺口处流入预先挖好的人工渠道。一条"火龙"沿渠道游向大海。这就是人类历史上首次用人工爆破方法改变火山熔岩流向的大胆尝试，它成功了。如果人们能够在火山周围预先挖好渠道供火山熔岩排泄，沿途充分利用火山熔岩的巨大能量，并减少熔岩的四处蔓延，这将是一项非常有意义的事业。

电磁波能量——微波能

微波是指频率为300兆赫～3000吉赫的电磁波，是无线电波中一个有限频带的简称，即波长在1米（不含1米）到0.1毫米之间的电磁波，是分米波、厘米波、毫米波和亚毫米波的统称。微波频率比一般的无线电波频率高，通常也称为"超高频电磁波"。

微波能通常由直流电或50赫兹交流电通过一特殊的器件来获得。可以产生微波的器件有许多种，但主要分为两大类：半导体器件和电真空器件。

微波的基本性质通常呈现为穿透、反射、吸收3个特性。对于玻璃、塑料和瓷器，微波几乎是穿越而不被吸收。对于水和食物等就会吸收微波

而使自身发热。而对金属类东西，则会反射微波。

从电子学和物理学观点来看，微波这段电磁频谱具有不同于其他波段的如下重要特点：

■ **穿透性**

微波比其他用于辐射加热的电磁波，如红外线、远红外线等波长更长，因此具

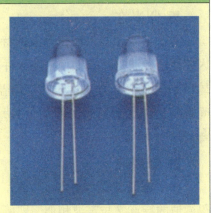

□ 图与文

半导体器件是导电性介于良导电体与绝缘体之间，利用半导体材料特殊电特性来完成特定功能的电子器件。通常，这些半导体材料是硅、锗或砷化镓，可用作整流器、振荡器、发光器、放大器、测光器等器材。

有更好的穿透性。微波透入介质时，由于介质损耗引起的介质温度的升高，使介质材料内部、外部几乎同时加热升温，形成体热源状态，大大缩短了常规加热中的热传导时间，且在条件为介质损耗因数与介质温度呈负相关关系时，物料内外加热均匀一致。

■ **选择性加热**

物质吸收微波的能力，主要由其介质损耗因数来决定。介质损耗因数大的物质对微波的吸收能力就强，相反，介质损耗因数小的物质吸收微波的能力也弱。由于各物质的损耗因数存在差异，微波加热就表现出选择性加热的特点。物质不同，产生的热效果也不同。水分子属极性分子，介电常数较大，其介质损耗因数也很大，对微波具有强吸收能力。而蛋白质、碳水化合物等的介电常数相对较小，其对微波的吸收能力比水小得多。因此，对于食品来说，含水量的多少对微波加热效果影响很大。

■ **热惯性小**

微波对介质材料是瞬时加热升温，能耗也很低。另一方面，微波的输出功率随时可调，介质温升可无惰性的随之改变，不存在"余热"现象，

极有利于自动控制和连续化生产的需要。

■ 似光性

微波波长很短，使得微波的特点与几何光学相似，即所谓的似光性。因此使用微波工作，能使电路元件尺寸减小；使系统更加紧凑；可以制成体积小，波束窄方向性很强，增益很高的天线系统，接受来自地面或空间各种物体反射回来的微弱信号，从而确定物体方位和距离，分析目标特征。

■ 似声性

由于微波波长与物体（实验室中无线设备）的尺寸有相同的量级，使得微波的特点又与声波相似，即所谓的似声性。例如微波波导类似于声学中的传声筒；喇叭天线和缝隙天线类似于声学喇叭；微波谐振腔类似于声学共鸣腔。

■ 非电离性

微波的量子能量还不够大，不足与改变物质分子的内部结构或破坏分子之间的键。分子、原子核在外加电磁场的周期力作用下所呈现的许多共振现象都发生在微波范围，因而微波为探索物质的内部结构和基本特性提供了有效的研究手段。另一方面，利用这一特性，还可以制作许多微波器件。

■ 信息性

由于微波频率很高，所以在不大的相对带宽下，其可用的频带很宽，可达数百甚至上千兆赫兹。这是低频无线电波无法比拟的。这意味着微波的信息容量大，所以现代多路通信系统，

■图与文

微波炉是一种用微波加热食品的现代化烹调灶具，由电源、磁控管、控制电路和烹调腔等部分组成。磁控管在电源激励下，连续产生微波，烹调腔内的搅拌器旋转起来以后对微波进行反射，把微波能量均匀地分布在烹调腔内，进而加热食物。

包括卫星通信系统，几乎无例外都是工作在微波波段。另外，微波信号还可以提供相位信息，极化信息，多普勒频率信息。这在目标检测、遥感目标特征分析等应用中十分重要。

　　微波的应用范围十分广泛，它最重要的应用是雷达和通信。雷达不仅用于国防，同时也用于导航、气象测量、大地测量、工业检测和交通管理等方面。通信应用主要是现代的卫星通信和常规的中继通信。射电望远镜、微波加速器等对于物理学、天文学等的研究具有重要意义。毫米波微波技术对控制热核反应的等离子体测量提供了有效的方法。微波遥感已成为研究天体、气象和大地测量、资源勘探等的重要手段。微波在工业生产、农业科学等方面的研究，以及微波在生物学、医学等方面的研究和发展已越来越受到重视。

第十章
宇宙蕴含的能量
——宇宙能

宇宙是一个由无数个星系组成的广袤空间，是由空间、时间、物质和能量构成的统一体。在这个无法界定的无始无终的世界，能量是它必有的构成元素，一切的能量都在里面，只是人类对宇宙的了解还处于刚刚起步状态，对蕴含在里面的能量了解的很少，有的还甚至一无所知，因此对一些包括能量在内的宇宙现象只能尽其所能进行科学化的猜想。随着对宇宙了解的逐步加深，人类认识事物能力的增强，宇宙能量也必将被人类所获知和利用。

地球是个巨大的发电机

稍具地理知识的人都知道，地球是一个庞大的天然磁体，但它的磁场却比较弱，总磁场强度不过 0.6 奥斯特。地球磁场的强度由奥斯特换算为伽玛，则是 6×10^4 伽玛，即 6 万伽玛。然而，地球却在不停地转动，它每 23 小时 56 分便自转 1 周，所具有的动能则是一个很大的数值。

地球是个巨大的磁体

具有磁场的天体旋转时，由于单极感应作用，就会产生电动势。如果我们把整个地球作为发电机的转子，以南北两极为正极，以赤道为负极，理论上可以获得 10 万伏左右的电压。这便是人们把地球本身当作一个巨大的发电机的一种设想。不过，如何把地球自转发出来的电引出来使用，还须有另外的方案或设想。

电磁感应定律告诉我们，导体在磁场中做切割磁力线的运动便会产生感应电流。由于地球本身具有磁性，所以，在地球及其周围空间存在着地磁场。地球上的河流和海洋也是导电体。随着地球的自转，它们自然而然地就相对于地磁场产生了切割磁力线的运动。那么，河流和海洋中就有地磁场的感生电流了。要知道，光海洋就覆盖着地球表面的 71% 的面积还要多，如果想办法把河流和海洋中的感生电流引出来，不就有巨大的电能供我们使用了吗？显然，这是利用"地球发电机"的另一种方案。

能量

另外，地球本身又是一个巨大的蓄电池。它经常被雷雨中眩目的闪光充电。雷雨云聚集和储存的大量负电荷，使云层下面的大地表面感应出正电荷。两种不同极性的电荷互相吸引，就驱使电子从云层奔向大地，形成闪电给

图与文

云层里，常常是正电荷聚集在云的上层，负电荷聚集在云的下层。云和地各是电容器的两极。雷雨时，两极之间的电势差很大，能达每米几万伏。当电场强度超过空气的介电强度时，空气就会被击穿，进行放电。

地球充电。据估算，每秒钟约有100次闪电袭击地球，其闪光带长度从300米到2 750米不等。一次闪电电压可达1亿伏，电流可达16万安培，可以产生37.5亿千瓦的电能。但闪电持续时间很短，只有若干分之一秒。闪电中大约75%的能量作为热耗散掉了，它使闪电通道内的空气温度达到15 000℃。空气受热迅速膨胀，就像爆炸时的气体一样，产生震耳欲聋的雷声，在30千米以外都能听到。

可惜的是，科学家们没有找到利用闪电的途径，使闪电的巨大能量白白消耗掉。科学家们至今还在探寻在地球表面产生的具有强大能量的闪电能不能直接用来为人类造福？已转化为热能的75%的闪电能是否也可利用呢？有没有办法使闪电不把那么多的能量转化为热能，仍保持电能的状态为我们所用呢？能不能撇开上述思路另辟蹊径，譬如，既然闪电已把电能传给了地球，我们能不能从利用蓄电池的角度，把地球当作一个巨大的蓄电池，想办法把电能引出来使用呢？一切的一切尚需要科学家们不断地探索和努力。

超大的宇宙正反物质能量

俄罗斯西伯利亚通古斯由于一次大爆炸而闻名天下，那是 1908 年 6 月 30 日清晨，一声巨响瞬间响彻在俄罗斯西伯利亚通古斯地区，这声巨响响声之巨、威力之大相当于 2 000 颗巨型原子弹同时爆炸，爆炸的声音传到 1 000 千米之外，一时间炽热的火球在空中翻滚，熊熊烈焰把 2 000 平方千米范围内的树木全部烧毁，巨大的气浪冲击着四面八方，100 平方千米以内的房屋屋顶全都被掀掉。一时间通古斯大爆炸震惊了世界。

1965 年，美国科学家李比博士发表文章，他认为通古斯大爆炸的起因是"反物质"引起的。反物质经茫茫的宇宙，进入由正物质组成的世界，在正物质的引力作用下，落到西伯利亚的上空，跟正物质相撞，一瞬间，正反物质全部转化为巨大的能量，周围大气的温度急剧上升，产生剧烈膨胀而发生大爆炸。正反物质的这种反应叫做"湮没"反应，在反应过程中全部物质都转化为能量。"湮没"反应产生的能量非常巨大，至少比核反应产生的能量大 100 倍，而且不产生放射性。

■图与文

反物质是正常物质的反状态。当正反物质相遇时，双方就会相互"湮灭"抵消，发生爆炸并产生巨大能量，其能量释放率要远高于氢弹爆炸。反物质来源很多，但是它不是聚集在某个确定的点周围，而是广布于宇宙空间。

我们都知道物质，即正物质，那么什么是反物质？它为什么会有这么巨大的威力？这就得从科学家爱因斯坦的一个著名的公式说起。爱因斯但认为运动的物体都有能量，当它的总和是一个正值时，这种

物质就是我们在生活中看到的各种物质。但是，当运动的物体所具的能量的总和是一个负值时，情况就完全两样了，物质的性质跟我们日常见的正好截然相反，那种物质就称为反物质。

反物质的内部组成跟正物质正好相反。正物质的原子是由带正电荷的质子和带负电荷的电子组成的，而反物质的原子却是由带负电荷的质子和带正电荷的电子组成的。所以，反物质受力后，它的运动方向跟正物质的运动方向完全相反。当你向前推它，它却往后靠；当你往南推它，它却向北移动。正反物质在短距离内是"水火不相容"的，它们很难同时存在，一旦相遇，就相互吸引，通过碰撞而同归于尽，同时放出大量的能量。在我们人类所处的宇宙中，只有正物质存在，而离我们非常遥远的宇宙中，却是反物质的世界。

经过科学家几十年的努力，现在已经找到各种反粒子和反物质。1932年，科学家在宇宙射线实验中，发现了正电子。正电子是电子的反粒子。1955年，科学家获得了反质子和反中子。反质子是质子的反粒子；反中子是中子的反粒子。1965年，科学家得到了世界上第一个反物质，由反质子和反中子组成的"反氘"，后来，又得到了反物质"反氢"。

既然反物质确实存在，那么，利用反物质的特性，利用物质和反物质在湮没过程中释放的巨大能量，把反物质作为未来能源，前景那真是太美妙了。把反物质跟化学燃料相比较，需要使用的量相差得实在太大了。比如，把航天飞机、巨型火箭送上太空，使用液体化学燃料大概是200吨，如果换用反物质，只需10毫克（相当于小小的一粒盐）就足够了。但是，现在要充分利用反物质还有许多困难。要得到反物质，除了研制技术上的难度非常大外，生产费用也大得惊人。初步估计，生产1克反物质，至少要花费10亿美元。另外，反物质的贮存、运输也是一大难题，因为它只要一接触普通的物质，就会立即爆炸。

因此，目前，对反物质的研究还处在探索阶段，要想利用反物质的能量，还有很长很长要走，但总有一天，这个梦想是能够实现的，希望这一时刻早一天到来。

随处可见的物质都是能量

大物理学家爱因斯坦早在20世纪初就指出：物质和能量，原来是同一事物的两种不同表现形式，它们之间是可以相互转换的。相互转换的关系就是爱因斯坦的物质－能量转换方程：

$E=MC^2$

用中文表述就是：

能量 = 质量 × 光速^2

用不着具体计算，一眼就看出这是一个极大的数字，因为光速是极大的，光能1秒钟绕地球7.5圈。两个光速再相乘，可想而知，这个数字有多大。

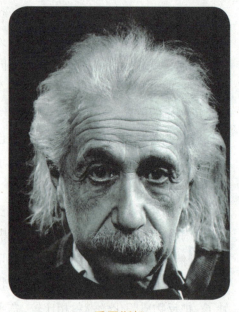

爱因斯坦

这说明了什么？这就是说，从原理上讲，只要很少的一点物质，就能转化成巨大的能量。具体的数字是：

1 克重量相当于 2 497 万千瓦小时，它相当于烧 8 900 000 千克煤、2 100 000 千克汽油、约 1 千克 ^{235}铀裂变、260 克氘聚变所发出的能量。

爱因斯坦这个公式也告诉我们：普通化学里讲的，化学反应前后的物质重量不变只是一个近似，以平常的氢燃烧为例：

$2H_2 + O_2 \rightarrow 2H_2O$

4 克的氢和 32 克的氧结合，生成了 32+4=36 克的水。但是它并不是完全精确的，因为在生成物一边，还有一部分热能放出来。按爱因斯坦能量－

物质的关系式计算，这部分热能相当于 0.000 000 000 29 克。所以，精确的数字应该是：4 克的氢和 32 克的氧化合后，生成了 35.999 999 999 71 克的水……只不过这个差别（不到十亿分之一）太小，人们把它忽略而已。

但是，它却告诉了我们一个重要的事实：化学变化能把物质的约十亿分之一转化为能量。

在裂变中，铀在分裂后生成的两个碎片外加几个中子的质量比分裂前的铀要少一些，大致上，每克铀裂变后的产物的总重量只有 0.999 克。或者说，裂变能把物质的约 1/1000 转化为能量。

再来看一看聚变，任何一个元素周期表上都有各个元素的原子量，氢是 1.007 97，氦是 4.002 6。所以，反应前的 4 个氢总重比氦多了约 0.03。加上电子质量的修正后，可以看出这一"聚变"大约能把物质的 1% 转化为能量。但是，就这样，这个质量变化比例已经比化学变化大了 1 000 万倍，在计算时已经不能忽略了。

总起来讲：

化学变化，可以把物质约十亿分之一变为能量；

裂变，可以把物质约 1/1000 变为能量；

聚变，可以把物质约 1% 变为能量。

既然如此，我们能不能有一种方法，能把物质的 1/10、1/5、1/2 甚至整个儿地全变成能量，那岂不是可以获得极大极大的能量了吗。

根据爱因斯坦的结论来看，如果能完成物质和能量的自由转换，那么，每 1 克物质转换成能量后，将相当于烧 8 900 吨煤；烧 2 100 吨汽油；1 千克铀的裂变；260 克氘的聚变。1 克物质就可以转化为这么多的能量，真是惊人。这是个什么概念，我们生长在物质构成的世界里，周围的东西、桌子、椅子、纸张、铅笔、台灯，乃至石头、砂子，哪一样不是物质？要能按质量-能量转换的规律去变能量，那么一点点东西不都可以变成巨大的、几乎是无穷尽的能量？那时，我们根本就不必为能源问题而大伤脑筋，因为如果能够实现把物质转化为能量的梦想，那么能源问题就不成为"问题"了。

但是如何把随处可见的物质转换成能量呢？

经过缜密的思考，科学家最后得出的结论是在地上无法办到把物质转化为能量，但是在天上却可以。

理论终归为理论，从理论到事实，中间不知还有多少路要走，还有多少难关需要攻克，但无论如何，只要方向正确，到达目标是早晚的事，让我们朝着这个目标坚定地走下去。

宇宙星体的万有引力巨能

万有引力定律是物体间相互作用的一条定律，1687年为大物理学家牛顿所发现。根据万有引力定律，可知任何物体之间都有相互吸引力，这个力的大小与各个物体的质量成正比例，而与它们之间的距离的平方成反比。

就引力本身而言，它在宇宙间各种力中是比较微小的，比电磁力或者核力都小得多，因此谁也没特别注意它。当然，由于引力而释放能量的例子也很多，其中也有引力能被大量使用的例子。水力发电，就是利用水从高处落到低处所发出的能量来驱动发电机，转化成电能供我们利用。水坝越高，水的落差越大，水量越足，发的电就越多。它直接利用的虽然是水的引力能，但这个水却是靠太阳蒸发江湖河海的水到天上化作雨掉下来的，所以，它的来源仍是太阳能。不过，水力发电至少给了我们引力能的具体概念。

牛 顿

让我们再看看万有引力定律：

（1）两个物体之间存在相吸的万有引力；

能量

（2）引力的大小和两个物体质量的乘积成正比，和两个物体间距离的平方成反比。

在天体中，地球的质量和半径都不算大。在地球表面上，每克物质受到的引力也就是1克重。

太阳比地球重多了，约为地球的33万倍。太阳的半径也大，所以，物质在太阳表面的重量，也就是受到太阳的引力只比在地球上大28倍。一个体重50千克的人若跑到太阳上，他的体重就会变成1 400千克，他不但站不起来，躺着也会被自身的重量压扁。

如果太阳被压缩到只有地球那么大，这时太阳的质量不变，半径缩小了约为原来的1%，这时1克物质在它的表面就会有330千克重。如果太阳被压缩到直径只有2千米时，你猜这时1克物质在它表面有多重？结果是很惊人的：1克

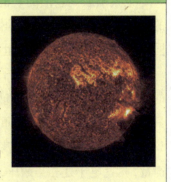

■图与文

组成太阳的物质大多是些普通的气体，其中氢元素约占71%，氦元素约占27%，其他元素约占2%。我们平常看到的太阳表面，是太阳大气的最外层，温度约是6 000℃。其中心区不停地进行热核反应，太阳的能量就是热核反应的结果。

物质有1 300 000万千克重！但是，这个结论要有个前提，那就是把太阳压扁，半径缩小为原来的1%，而质量是不变的。

太阳怎么会被压扁呢？太阳本身有1 900多亿亿亿吨重，而且这还是用地球上的"标准秤"称的，实际太阳表面上每"吨"东西都有28吨重，这么吓人的重量压下去，太阳为什么不扁？

太阳使自己不"扁"的唯一办法就是靠每秒钟"燃烧"7万吨氢的"核火"，把内部的温度升到上千万摄氏度，像沸水顶起锅盖似的，好不容易把自己硬"撑"起来的。但如果氢这个"核火"燃烧完了呢？太阳不就会被压扁了吗？

是的，不管太阳有多大，氢总有被烧完的一天，而万有引力却是永恒的！

这里实际牵涉到的不止是太阳，而是天空中千千万万颗星星的共同命运了。我们看到的这些星（包括太阳），虽然被称作"恒星"，其实都不是永恒的。天文学家告诉我们，太阳的氢大约还可以支持50多亿年。当氢被烧光后，太阳会发生很大的变化，转而烧更"难烧"的氦，把氦聚变成碳。当它再把氦也烧光之后，就真的会被自身压扁的。最后压缩成大小约和地球一般大的、非常紧密的"白矮星"。这种星天上别处早已看到过，它的密度一般在1 000万左右。也就是说，如果把它上面的东西拿到地面上来一称，手指那么大一块就有10 000千克重！

把太阳放到苍茫的宇宙中，太阳只不过是中等偏小的数以十亿百亿计的恒星中的一个，比它大的恒星不计其数，有比它重上十倍乃至几十倍的。同样道理，这些巨星最终也必将被自身压扁。

我们知道，如果把原子放大了看，原来是很空的。如果把正常情况下的原子放大到有一个足球场那么大，你就会发现，除了那个呆在球场正中心，只有豌豆大却集中了原子重量99.9%以上的"硬"核以外，整个足球场上只有一些很轻的电子在游荡。别看这么空空荡荡的，按我们日常的标准来衡量，这些电子还相当耐压，即使像"白矮星"那样，也就是说，这时"原子"虽然给挤得很"扁"，但中间仍是原子核，外边仍是电子，还多少是个"原子"的样子。可是，在"超重星"的核心部分，疯狂的压力已经使电子再也抵挡不住了。原子物理学家用各种名词来表达这一过程，用最普通的话来讲，那就是：电子简直就是给压进原子核里面去了。在"豌豆大"的原子核里，它和质子结合成为中子，原子已不复存在，或者更形象地说，原来的原子好像是一个足球场中放着一颗豌豆，而现在整个足球场都挤满了豌豆。这种全是原子核，或者更准确地说，全是中子紧紧挤着的东西密度有多大呢？每立方厘米有3 000亿千克！

上面已经计算过，如果太阳被压缩到直径只有几千米时，引力会大到每克物质有1 000 000万千克重。如果一滴水从100多米的高处落下，就会相当于100个三峡水电站；那么，如果它不是从100米，而是从1 000米，

能量

1 万米，10 万米落下呢？

　　这就是巨星可怕的末日，相当于 100 个太阳烧 100 亿年的能量，在短到不过几秒的时间内一起释放了出来，巨星刹那间变成 10 万亿颗氢弹，惊天动地地爆炸开来。它发出的炫目的亮光盖过了整个银河——一颗"超新星"诞生了。

　　这就是 900 多年前宋朝"钦天监"记录下来"昼见如太白"的客星，也就

蟹状星云

是现在已经炸飞到占"天"30 万亿千米，而且还以每秒 1 000 千米的速度继续飞散的"蟹状星云"——一颗巨星壮丽的死亡。

　　如果能够把这种比裂变、聚变又高得多的、能把物质——任何物质一半以上的质量直接转化为能量的话，那将是多么大的能量，简直不可想象。

　　虽然这个梦想离我们还很遥远，很遥远。但是，回想 19 世纪，太阳能不是也离当时的人很远吗？而今，太阳能却在为人类服务，人类的潜能是巨大的，谁也不敢说人类永远也做不到这一点，既然已经对此有所认识，就不能断言毫无希望，向前一步就离目标近了一步。

151